全能招牌改造王

瞬間拉升集客力，
讓路人通通變客人！

招牌設計專家
小山雅明——著
李友君——譯

過時的店面大變身

相片沖印店

BEFORE

這家店營造出來的氣氛就是如此。放置在店頭的自動販賣機和營業內容無關，讓入口的周圍顯得很陰暗。而從整體氣氛來看，又會給予路人這家店很老舊的印象。

此外，由於沒有顯眼的招牌吸引移動中的路人，因此若是沒來到門口，就不曉得店面的存在。再者，廠商發的招牌會讓觀看的人覺得陳舊而過時，從集客的角度來看是個缺點。

P47參照

店鋪格局變得如同玩具箱一樣活潑。

遮雨棚的標誌正面躍入路人的視線，加上店名後，即可讓路人事先知道店鋪的存在及業務型態（提升發現機率）。發現店鋪外觀的人一定會停下來瞧瞧（提升魅力機率）。另外，要是能從外面看見店裡的樣子，就會減少進入店裡的心理障礙（提升顧客上門機率）。

該店如今已成為當地的地標。

AFTER

◀改裝後的店鋪正面

用鮮豔的原色提升新鮮感　丸義中古汽車行

BEFORE

招牌的新鮮感很重要。失去新鮮感的招牌會讓觀看的人覺得過時，看不出有在營業的樣子。

要牢牢記住，顧客對招牌的印象就是對店裡的印象。即使店裡的服務和環境再怎麼優秀，失去新鮮感的招牌也無法將美好的那一面傳達給路人知道。

AFTER

首先要改掉招牌的底色。變更之前，淡藍色覆蓋在整塊招牌上，整體印象看起來並不醒目。因此選用黃色、紅色和深藍這三種顏色，營造整體的層次感。同時下半部加上紅色線條，塑造出「特選車」的字樣從該處躍出的感覺。只要將關鍵字大張旗鼓呈現出來，招牌就會為觀看的人帶來躍動感（提升發現機率和魅力機率）。招牌會決定一家店給人的印象，而店鋪的外觀就是一切。改變招牌之後，來客數比前年上升了120%。

藉由暖色強調親切感　Copain喫茶店

這樣的店面讓人聯想到全國連鎖咖啡店，感受不到自營店鋪的美妙之處。

入口周圍放置各種用具，給路人雜亂無章的印象，讓他們猶豫該不該進門光顧。顧客上門的機率持續低迷。

藉由改變遮雨棚的顏色，讓店鋪的氣氛煥然一新。暖色系的顏色讓觀看的人感到溫和、安心和親切。

由於招牌沒有被周圍的景觀湮沒，因此即使從遠方看過來，也能強調店鋪的存在感（提升發現機率和魅力機率）。

從集客數比前年上升120%的結果來看，也能明白招牌不被周遭湮沒的重要性。

立式活動招牌▶

立式活動招牌容易吸引路人的目光。這種宣傳工具的形狀能自然進入路人的視野，進而傳達店鋪的魅力。這座立式活動招牌採內照式設計，顯露在外的商品相片會浮現出來。

此外，Copain的獨家商品「神樂坂泡芙」就擺在前方做店頭宣傳，藉此能讓路人覺得這家店十分獨特（提升魅力機率）。

P83參照

明確傳達業務型態，製造光顧動機　邦博納拉牛排館

以外文標示的招牌，光用看的會不知道這是賣什麼的店。人們不會憑店名就光顧，而是在知道該店的屬性，開始產生興趣後，才會變成顧客。

此外，白底的招牌看起來老舊而廉價，必須留心。

將店面標示改成「漢堡排＆牛排　邦博納拉」後，就能清楚知道這是什麼樣的店了。整體外觀統一為木製裝潢，呈現手工的感覺（提升魅力機率）。大幅刊載強烈煽動購買欲的料理相片，刺激觀看人士的五感，安排入店光顧的動線（提升顧客上門機率）。就如招牌的相片上看到的一樣，整個店面呈現出沉穩的感覺。結果成功讓集客數比前年上升125％。

運用照片和箭頭招攬顧客到地下室　田町大人的漢堡排店

BEFORE

餐飲店與其他小型店家林立在商店街的周圍。狹窄的道路兩旁充滿競爭對手。當開店地段的條件是這樣時，招牌往往會湮沒在周圍的景觀之中。集客招牌不僅要能適用於店鋪，還要以科學的角度調查及檢驗周圍的景觀和環境，設想邏輯嚴密的集客過程……換言之，會從建立假説開始著手。

P115參照

AFTER

側懸式招牌和旗幟反覆進行多次檢驗，算出招牌最容易進入路人視線的高度和角度再加以設置（提升發現機率）。以該店的情況來看，店名本身就已透露出業務型態，讓人知道這是什麼樣的店，所以若能讓人辨識招牌，就足以吸引目光，傳達店鋪的魅力（提升魅力機率）。另外，由於該店面位於地下室，因而入口處的引導標誌是必不可少的。因此將店裡的相片和階梯狀的箭頭加在立式活動招牌上，製造客人入店光顧的心理動線（提升顧客上門機率）。

設置招牌之後，這家店便成為大排長龍的熱門名店了。

立式活動招牌的結構

▼晚餐用

▼午餐用

上方的嵌板和相片可以自由更換，最適合宣傳限時優惠及活動。

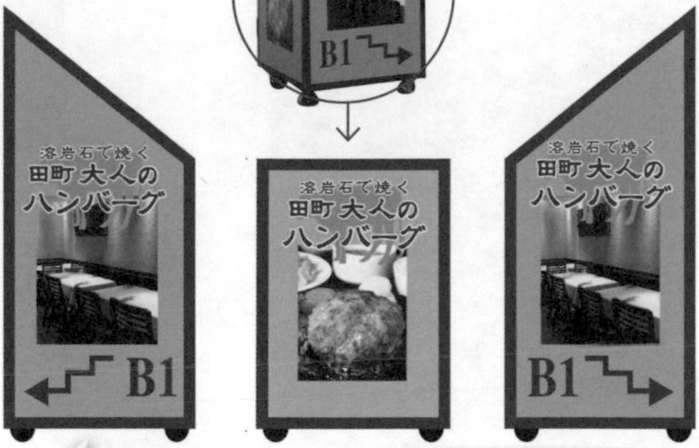

立式活動招牌上公開店內的相片和指向樓梯的引導標誌。
當店鋪位在地下室或樓上時，走進店裡容易讓人覺得不安。這時可以在招牌上公開店內的相片，帶領路人進入從外面看不到的店裡，有效消除不安。
同時，運用醒目的箭頭引導人們入店，也有助於吸引路人上門光顧（提升顧客上門機率）。

利用特殊形狀提高被發現的機率　莊屋拉麵店

BEFORE

要製作設置在幹道店鋪的招牌時，必須考慮車輛行駛的速度。假設行駛速度為40多公里，最好在約80公尺處就能辨識招牌。從80公尺處到店門口約七秒。要在七秒前讓用路人知道這家店的存在，他們才會上門光顧。

AFTER

將相同形狀、相同色調的招牌不斷安插在多個招牌林立的地方，就會變成單純的風景。有個方法可避免這種情況，那就是將自家店鋪的招牌改成別的形狀。此案例中的店鋪是在招牌上方添加蓋飯超出邊界的形狀，如此一來變得比較吸睛（提升發現機率）。這就稱為「奇形辨識」。該店藉由奇形辨識效應設置招牌後，就締造了銷售額比前年上升250%的佳績。反過來說，這也證明過去的招牌是多麼容易被淹沒。

利用不同的色彩脫穎而出　味市場黑潮海鮮居酒屋

這家店鋪（新宿東口三號店）面向鬧市的大馬路。儘管處在十分熱鬧的地點，然而餐飲店及其他各種店鋪也遍布在這塊地區。這家店位在大樓和招牌林立的一角，以前會混雜在周圍的景觀裡（招牌當中），路人辨識不出招牌。其原因和招牌的顏色有很大的關係。由於色調與大樓及其他招牌相同，因此路人完全不會發現。

BEFORE

AFTER

選用不會被景觀湮沒、與周圍不同的色彩來設置招牌。這樣一來路人的「發現機率」就會格外提升。

此外，顏色可分為「前進色」和「後退色」兩種。前進色看起來會往前凸，後退色看起來會往後縮。該店在改善招牌前用的是後退色，更換為前進色後，辨識度就有所提高，集客數比前年上升118%。

P128參照

前進色：看起來會往前凸的顏色

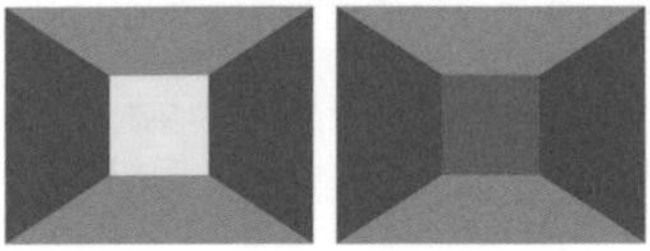

後退色：看起來會往後縮的顏色

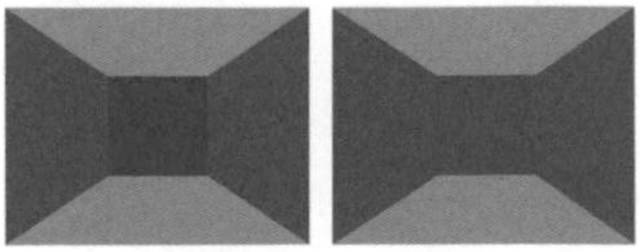

運用字體和插圖集中視線　三木河豚活魚料理店

這塊招牌乍看之下很老派，感覺不出有在營業的樣子。顏色是後退色，並融入周圍的景觀當中，予人一種陳舊的印象。只有店名非常顯眼。

從路人的角度來看，會不知道這是什麼樣的店而望之卻步。

P123參照

整個招牌變更為前進色，光這樣就能改變形象。與其強調店名，不如清楚展現出這是什麼樣的店。標明「鱉、河豚、現釣活魚料理店」後，一眼就能看出這家店提供什麼食物。另外，這家店的老闆透過插圖和「釣魚痴老闆」的文案，表現出他是什麼樣的人，藉此強調自營店鋪的特色（提升魅力機率）。改裝招牌後的效果，就表現在集客數比前年上升126％的佳績上。

表現自營店鋪的特色　　三丁目的串燒居酒屋

BEFORE

這家串燒店位在大樓二樓，新宿三丁目餐飲店的激戰區。招牌在改善前，就如左圖的白底黑字，不但湮沒在周圍的景物中，也被樓上連鎖店的招牌給壓住了，並不突出。

P125參照

AFTER

整個招牌採用前進色，標明「魚串、雞肉串、酒館」，讓人一眼就能看出這是什麼店，而非店名。此外，為強調自營店鋪的優勢以手寫風的文字呈現，並標明價格為「淺顯易懂通通290日圓」，表現自營店鋪獨有的特色。這項標示蘊含老闆的想法，希望能以味道決勝負，而不想花時間在算錢上。從這塊招牌的背後能看出老闆的用意和想法，讓過路人在無意識中感同身受（提升發現機率、魅力機率）。該店在改變招牌後，就締造了集客數比前年上升150%的佳績。

配合客層，以充沛活力吸引消費者　金太郎雞肉串燒店

BEFORE

設計以白與黑為對比，讓人覺得品味高尚。店名標示也營造出時髦感。

但此種設計與店鋪營業項目及目標客層有落差，導致來店的顧客人數減少。

P145參照

AFTER

改裝招牌的重點在於「炭火雞肉串燒」及運用形象人物。前者讓路人知道店裡的服務項目，後者則配合金太郎店名的形象。此外，招牌字採書寫文字風格，營造出自營店鋪的意象。招牌的色調也很單純，既讓路人容易發現，又不會破壞周圍的景觀（提升發現機率、魅力機率）。改變招牌後，就締造出銷售額比前年上升110.6%的佳績。

給路過的人驚喜　TOM'S BAR

信步走在街上......

TOM'S BAR
TOM'S BAR
咦？這是酒吧的招牌？

Route 2
TOM'S BAR
這招牌還真讓人好奇啊。

Could you have a good time with me?
Thanks! TOM'S BAR

P173參照

東京都杉並區阿佐谷有一條街道，從以前就林立許多餐飲店。其中一角就是俗稱「中央線文化」的發祥地，小型餐飲店沿著狹窄的巷子鱗次櫛比。而在其中開業的TOM'S BAR，則表明經營理念會配合當地的文化特性。附帶一提，會來這條餐飲街的客層，有很大比例是受阿佐谷文化吸引的人。老闆注意到這一點，將店鋪經營的宗旨定為「高度感性之人聚集的自由空間」，因此嘗試在招牌設計方面絞盡腦汁構思。正如上圖所示，巷子正面的牆壁設置了招牌，遠遠望去只會看見畫了貓咪的插圖。但靠近後，插圖就會變成店名，帶給路人驚奇。這種帶有玩笑意味的技巧能觸動在阿佐谷區追求文化的人，設置招牌後，每天都有幾批新顧客呼朋引伴來光顧。此外，樓梯也暗藏玄機，離開店裡時能看到貓咪送客的模樣。每個顧客看到樓梯上的插圖，都對這家店的幽默抱有好感，無一例外。再次光顧的機率非常高。

將經營理念直接呈現在招牌上

山口電器行

BEFORE

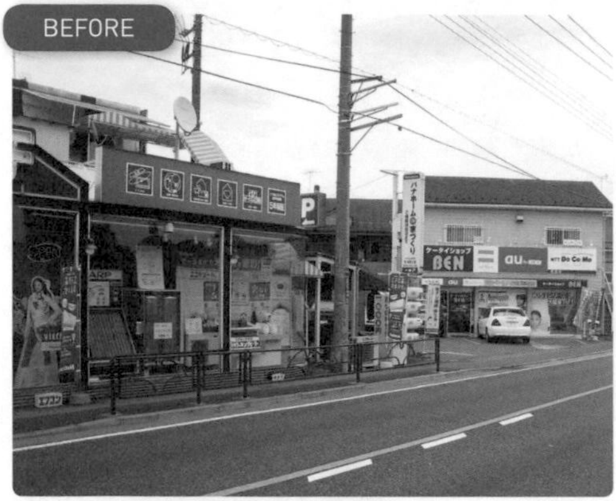

感覺像街上典型的電器行，但不尋常的是，他們打出「服務沒有極限」的口號，徹底做好售後服務。

當然，其他電器行也或多或少會進行這項服務，但該店卻將服務本身賦予價值，或者說是當作商品也不為過。

這家店以「山口電器馬上就來！」的宣傳標語，向顧客保證服務包君滿意。

P24參照

AFTER

「山口電器馬上就來！」的宣傳標語就是該店的經營理念。哪怕只為了一顆電燈泡，只要一通電話，馬上趕到;不知道買來的機器該怎麼使用，只要一通電話，馬上趕到。儘管有這樣的經營理念，過去卻沒有傳達給路過的人知道。因此，我們簡單地將「山口電器馬上就來！」這句話做成招牌。當經營理念化為招牌後，就能輕鬆地直接吸引路人的目光。現在該店的年銷售額超過13億日圓。

打造共通理念強烈的店面　BOOKOFF二手書店

BOOKOFF的品牌策略在於徹底從顧客的角度出發。換句話説，就是建立店面形象。

店面形象會在協調老闆的想法、店鋪職員的想法、顧客的想法和路人的想法之後定案。反過來説，要是老闆對店面的想法沒有以明確的形式傳達給職員、顧客和路人，就無法建構店面的形象。因此首要之務，在於針對該公司全體職員建立周延的教育訓練系統，不分正式員工、工讀生和兼職人員。這麼一來，即可與所有職員共同分享「老闆的想法」＝「企業理念／經營理念」。

現場工作的職員有沒有意識到這一點，會決定店鋪的性格。即使老闆抱持的理念再怎麼偉大，但若沒有和全體職員共享，就不能傳達給顧客和路人。首先要把教育訓練放在第一位，BOOKOFF的店面形象就是從這裡塑造而成的。

P146參照

以推薦商品的照片刺激購買欲　北方大草原拉麵店

改造招牌之前，店鋪的形象顯得很陳舊。招牌的配色和字體讓人想到連鎖店，沒能激發顧客主動選擇這家店光臨的動機。招牌沒有表現出自營店鋪獨有的特色和優點，對路人宣傳的效果很小。

改裝招牌的方向是要凸顯推薦商品「飄香烤味噌拉麵」。
店面的掛布上出現大幅的商品照片，煽動強烈的購買欲刺激路人的五感。招牌的顏色和設計考慮得很用心，讓人想到「蓋在北海道大草原上的山中小屋」。即使沒有明確提出訴求，這種看似無心的安排也有辦法讓觀看者認知其內涵。
招牌設計的方式呈現出自營店鋪獨有的店鋪格局（提升發現機率、魅力機率和顧客上門機率）。改裝之後，集客數就比前年上升120%。

掛布活用法

BEFORE

這塊掛布只在北海道的地圖上標示「正宗北海道風味」。儘管設計簡單，但這樣別人不會知道這是家拉麵店。從針對路人宣傳的方式來看，效果相當薄弱。

AFTER

將推薦商品拍成能強烈煽動購買欲的照片強力促銷。

掛布公開設置在店面，容易吸引路人的目光，只要巧妙活用這項道具，將口語描述和商品照片一起放在前面，就能將店鋪的魅力傳達給過路人（提升魅力機率）。

P177參照

使用料理和店內照片吸引顧客進門

沖繩料理屋
琉球・梅酒Dining太陽

路人會在店門口判斷，決定要不要走進店裡。若沒有提供店鋪資訊，不知道店內販售什麼樣的商品，人們就絕對不會進去。

這個案例中，店面的人工感很明顯，完全不知道店裡提供什麼料理、氣氛又是如何。

這家店決定在店面公開店內的照片和料理。
即使店鋪的結構讓路人看不見店內的情況，也能傳達店鋪的魅力。此外，內照式的招牌將店面照得通明，也能有效消除路人的不安全感。
將店面照亮，透過照片公開店裡的模樣和料理等店內服務，即可成為讓人們入店光顧的心理動線（提升顧客上門機率）。
改變招牌後，集客數比前年上升115％。

料理的照片是強力的心理動線　義大利料理餐廳青山JANOJA

時髦的店鋪經常在店面設置黑板菜單。

這能對熟客發揮作用，但從宣傳效果的層面來看，卻無法將店鋪的魅力準確傳達給未曾光顧的路人，而多半會變成缺點。

▼新設置的立式招牌

將推薦菜單和獨家服務導覽設置在店面，這件事比想像中更重要。路人完全不了解這家店，但只要讓路人能瞬間理解本店的性質，集客數就會大大改變（提升顧客上門機率）。
招牌改裝後，該店的集客數就比前年上升123%。

一般人看不見的招牌

辻村牙科醫院

AFTER

設計方案

辻村牙科委託我們製作招牌，希望「想去一般牙科的患者」和「普通的路人」看不到，只有「對辻村牙科的預防牙科感興趣者」和「辻村牙科的預約患者」才能清楚辨識。
因此我們想到的辦法是提升「高級感」和「品牌感」。透過招牌展現高級的形象後，就會讓人覺得這不是普通的牙科醫院，只有真正對辻村牙科及其診療感興趣的人才會記在腦子裡（提升魅力機率）。

P209參照

運用具高級感的招牌來選擇客人　福岡牙科醫院

這家牙科醫院也和辻村牙科一樣，主要診療項目都在保險適用範圍之外。

從右圖可見，改裝前整塊綠色的側懸式招牌相當醒目。就色彩心理學的角度而言，綠色會讓人有安心感和親切感。

若是一般以保險給付之診療為主的診所，選擇這塊招牌是正確的。但這家診所卻是以保險適用範圍外的診療為主。因此該診所決定更換為具高級感的招牌。

建築外牆鑲上立體字。側懸式招牌改成圓的，同樣使用立體字。這麼一來，招牌就會像辻村牙科一樣，只有想來看診的患者才認得出來（提升魅力機率）。此外，整個外牆重新粉刷後，醫院的形象就為之一變。

Contents

前言

這是街上一家小型電器行的故事。他們在挑選顧客後，創下年銷售額超過十三億日圓的佳績。

我想跟各位聊聊一家電器行的故事。

這家街上的電器行看起來並不稀奇。

該店並沒有人盡皆知的明顯特徵。就是平凡無奇，隨處可見的街頭電器行。

應該是十五年前的事了吧。我家客廳的錄影機壞了，於是我到附近的大型家電量販店購買新產品。

我朝錄影機的賣場走去。

那裡展示了種類繁多的錄影機。

當然，每種商品的架子上，都貼有店家製作的商品說明POP廣告。但我這個徹頭徹尾的門外漢，卻完全不知道該如何挑選。

我陷入窘境，張望四周。

店裡人潮洶湧。

我在賣場徘徊了老半天，愈看說明愈感猶豫，不知該買哪件商品才好。

最後我死了心，離開店裡。

當我回到家，忽然靈機一動，撥了通電話給同一條街上的電器行。

數十分鐘後，我就在家裡，聽電器行的業務員說明最新型的錄影機有哪些款式。

聽了將近一個小時的說明，最後決定購買業務員推薦的商品。電器行雖然免費幫忙安裝，但老實說，總覺得購買的價格比家電量販店貴很多。

幾天後。

電器行的業務員送了產品過來。

他把錄影機接到客廳的電視上，並告訴我使用方法。

而後，他在回公司前，這麼對我說：「要是有不懂的地方儘管聯絡我們，我們馬上就會來。」

我說著慰勞的話，送業務員離開。

我購買錄影機的電器行名叫「山口電器」。

這家店開在東京都町田市，是一家看起來非常普通的電器行。

山口電器位在郊外，離車站很遠，從町田站搭公車要二十分鐘左右，直接過去非常不方便。

原以為既然交通不便，這家店應該成不了氣候，想不到事實竟完全相反！

連續十四年收入和利潤都持續增加。如今它已成為超級優良的店鋪，以年銷售額超過十三億日圓自豪。並且在這家店半徑五公里的範圍內，還有六家大型家電量販店，亦即它同時與這些對手進行激烈競爭。

「馬上就會來的山口電器！」
將「與客人的約定」=「本店的服務」直接寫在招牌上的山口電器行

請各位想一想。

一般來說，當業種相同的大型店鋪進駐到周邊地區時，人流就會自行改變走向。影響所及，前往當地個人商店的顧客將急遽減少，隨即衰退。

但山口電器卻不受影響。即使事業拓展全國的知名大型家電量販店一口氣開了六家店，但山口電器不僅沒有衰退，收入和利潤還持續增加。

當周圍的大型店鋪以削價競爭招攬顧客時，這家小型的街頭電器行還是以定價販賣沒有降價，而業績不但沒有衰退，反而還不斷成長。

這幾乎可以說是魔術了。

事實上，解讀這項魔術的一部分祕密，就在於業務員回公司前所說的那句話：「要是有不懂的地方儘管聯絡我們，**我們馬上就會來。**」

這句話並非單純的應酬話。

因為我曾經實際體驗山口電器的服務。

買來的錄影機功能太多，我老是搞不懂操作方法。雖然只要看看說明書就會知道操作方法，但我想試試看業務員所說的「馬上就來」是否為真，便打電話過去。

三十分鐘後，業務員笑容滿面地出現在玄關前。他真的「馬上就來」了。

我聆聽對方詳盡的說明。

儘管用遠高於家電量販店的價格購買，但包含了相應的服務，這種附加價值讓我很滿意。

後來我再度和業務員聯絡，這次對方也「馬上就來」了。

山口電器的經營手法很單純。

他們絕不賤價出售。

但他們的售後服務十分細膩而周到，堪稱無微不至。

他們的宗旨是「服務沒有極限」。

全體員工、工讀生和兼職人員都貫徹這項宗旨。

因此，該店創下了毛利率三八・九%的記錄。

一般而言，地方上的電器行毛利率約為二五%，而大型量販店則有二〇%左右，採取薄利多銷的策略。

但是類似山口電器這樣的街頭電器行，在對抗大型量販店時，即使採用薄利多銷的手法，也毫無勝算可言。雙方的基礎能力（資本能力、品牌魅力、Know-How）本來就不同，因此必須另闢蹊徑，避免削價競爭下的薄利多銷。

山口電器的周圍就如之前提到的，有六家大型家電量販店與之激烈競爭，顧客逐漸流失，人數明顯減少。

他們在歷經嘗試和錯誤後，想到的辦法並不是降價促銷，而是徹底地把服務當成附加價值，以此作為店面的理念。

他們的理念是透過「馬上就來」這句話，向顧客保證服務包君滿意。

但在這種理念下，並不是人人都會成為店裡的顧客。

尤其是年輕一輩的人，幾乎都一定會去價格便宜的量販店。

目前為止，一般店家鎖定的目標顧客都不分男女老幼。

但是面對變化的環境若想生存下去，又不能賤價出售，打出貫徹服務的理念後，必然等於提高目標顧客的年齡層，因此才決定要捨棄青年族群。

山口電器將目標顧客單單鎖定在追求服務、樂意接受服務的年齡層上。

這個策略成功了。

山口電器藉由選擇顧客來架構商業模式，讓販售商品變成非常周到、無微不至的「服務」。

這就是想法的轉換。

假如其他店在降價，自家店鋪也堅持要減價，但在削價競爭後，只會搞得屍橫遍野，剩下的只有街頭電器行的屍體。

零和遊戲的下場，是造就一個贏家及無數的失敗者。

想要對抗資本能力天差地別的大型家電量販店，就必須轉換想法和價值觀。山口電器的做法，就是在販賣時替服務增添附加價值。

換句話說，他們平常厲行的原則，就是向顧客保證「哪怕是為了一顆電燈泡也會馬上趕到！」，這成了山口電器的品牌形象。

這樣一來，除了可在地區中提升識別度，且店家鎖定客層中的顧客也會增加，形成良性循環。

其中蘊含的真理饒富深意。

店鋪經營者為了讓店面生意興隆，每天都努力招攬客人。

老實說，店鋪要是不吸引顧客，不僅銷售額無法成長，利潤也不會增加。這是理所當然的。所以經營者為了集客，無不絞盡腦汁。

因此許多店鋪都會落入一個陷阱，認為集客策略最好要將所有客層的人都當成目標。的確，要是不分男女老幼，所有客層的人都能變成顧客，生意就會興隆。這是理想中的情況。

但要是一家店想將所有人都變成顧客，就不可能讓任何人變成顧客。

山口電器成功的理由只有一個。
那就是建立**擇客品牌策略**。
選擇顧客，就能確立店面理念和經營方針。
換句話說，就是只跟想來店裡的客人做生意。
以行銷術語來形容，建構店面形象，其意義正是擇客品牌策略。

接著來談談本書。
本書的內容正是分析山口電器所實施、並大獲成功的擇客品牌策略。
想吸引客人上門，就必須設置**讓路人變成客人**的巧妙機關。
這項訣竅的骨幹正是擇客品牌策略，而實際向路人散播訊息的媒介則是**集客招牌**。
換句話說，本書所描述的方法，是藉由選擇顧客以釐清店面的理念，再運用集客招牌這項媒介，廣泛向路人散播店面理念，進而打造出生意興隆的店鋪。
為了讓人人都能讀得輕鬆愉快，本書以故事形式撰寫。
但本書中所介紹的六個案例，都是真實存在的店鋪和醫院。
儘管這些店鋪和醫院的業績曾因故停滯不前，但在採用擇客品牌策略和集客招牌後，現在生意都興盛起來了。

在此描述的事件經過全都有事實根據。

列出的資料也屬實。

每個經營者的故事也是基於事實改編。

此外，關於改良招牌的討論內容及改裝計畫也是實際存在的，而其引發的結果也是事實。

但為了讓故事精采流暢地進行下去，我安排了一位虛構人物「椿堇」作為主角。這名人物的原型是我旗下公司的幾位女性員工。

換句話說，本書的內容並非虛構小說，而是以小說的形式來解說的商業書，虛構的主角會在其中大展身手。

倘若能讓更多讀者翻閱這本書，就是我唯一的願望了。

AIWA廣告公司社長　小山雅明

看看集客力
大幅攀升的
實例吧！
椿董
本書主角，以招牌碩士的資歷奮戰中。

序章

何謂生意興隆的店？

「妳經手過的店鋪中，真正熱門的名店很少啊。」

聽到小山雅明這樣說，椿董感到疑惑。

凡是自己經手過的店鋪，確實都成功招攬到顧客。以一個集客招牌的招牌碩士而言，這樣的表現應該算是很稱職。與改裝招牌前相比，每家店的顧客人數也都增加了，相信任誰都看得出來，這全是拜自己提案的集客招牌之賜。

「大抵來說，設置招牌三個月後的勘查結果，每家店的顧客人數至少都增加了二〇%以上。」

椿董的工作是以招牌碩士的身分提出企劃，讓各業種及業務型態的店面用招牌來集客，並提供最好的集客招牌設計，以配合客戶店鋪的實際情況。「用招牌實現集客目標的顧問」此一業務，就是招牌碩士的工作。

原本在當過招牌碩士後，就有機會再升職為招牌博士。然而椿董在三年前接下招牌碩士的職位後，就沒能順利升任為招牌博士。

招牌碩士的業務之一，是要定期計測自己製作及設置的招牌效果如何。換句話說，設置招牌後會定期實地勘查成效。勘查後就可得到具體的數字績效。

這樣一來，來店顧客人數的增減就能呈現得特別清楚，顧問提出的企劃是好是壞將一目了然。換句話說，這項業務是要親眼見證自己提案的「集客招牌」是否真有成效。

「一年後勘查的結果怎樣？」

「有些店的生意減少了。」

「三年後勘查的結果怎樣？」

「……老實說，我沒有這麼仔細地注意每個經手過的店家，不清楚全盤的統計資料。」

「限妳在一星期內，調查妳三年前當上招牌碩士時，所有經手過的店家後來的狀況。等妳拿出具體的數字後，我們再談接下來的事。」

小山雅明說完就向椿董點了一下頭，用眼神催促她離開社長室。

一星期後。

椿董垂頭喪氣地站在小山的辦公桌前，桌上放著列印出來的數字資料。

「妳三年前擔任招牌碩士時，經手過的店鋪有三十八家，三年後顧客來店人數比去年度增加的……有七家。反觀減少的店……有十八家。已經歇業的店鋪有九家。剩下四家店鋪……拒絕回答。」

椿董面紅耳赤地點頭。

小山雅明出示其他資料。

「這是比妳資深的招牌博士所經手的店鋪資料。跟妳一樣，都是三年前的案子，妳仔細看看。」

椿堇看了看推到她面前的紙張。

「招牌博士經手的店鋪有五十二家。三年後，顧客來店人數增加的有四十一家，減少的有七家，歇業的有兩家，沒變化的有兩家。」

小山探頭看了看椿堇。

「怎麼樣？跟妳的數字差很多吧？」

「您說得沒錯。這跟我經手的店鋪資料完全不同。」

「妳擔任招牌碩士時表現得很好。但跟招牌博士相比還差了一大截。」

「是的。」

「我之前說妳經手過的店鋪中，真正熱門的名店很少，妳懂這是什麼意思嗎？」

椿堇點點頭。

「妳覺得一家店生意興隆的條件是什麼？」

「就是有很多顧客光臨。」

「沒錯。要是客人不來店裡，生意就不算興隆。但是，單單讓許多客人來光顧，就能讓生意興隆嗎？說得極端一點，假如將一碗六百日圓的拉麵，以特別優惠的名義用一碗十日圓的價格販賣，知道這個消息的客人就會湧入那家店，甚至大排長龍。然而，或許一碗十日圓的拉麵能吸引客人光顧，但反過來說，這樣做生意就划不來了。要是無視原價，只想要招攬顧客的話，這家店的存在價值不就消失了嗎？」

「我明白您的意思。」

「我們製作的集客招牌會幫助店面生意興隆，這項工作並非單純吸引顧客上門就好。假如只追求瞬間的效果，那麼吸引顧客的方法要多少有多少。單純透過招牌就能打動街上的路人。」

「是的。」

「當我問妳生意興隆是什麼，妳馬上就回答要吸引顧客光顧。」

「我之前一直都相信這一點。」

「但我說過，一家店光是吸引許多顧客，並不算是真正的興隆。」

「真正的生意興隆是什麼呢？」

「怎麼說呢，從我這邊問出答案並不難，但這樣就弄不清問題本質了，就像妳剛才認為生意興隆是招攬顧客到店裡一樣。光是知道字面的意義，並不能算是了解一切。」

「那我該怎麼做？」

小山雅明想了一下，說：

「妳告訴我，集客招牌的基本原理是什麼？」

椿堇回答：

「提高路人**發現**招牌的機率；提高路人發現後，從店面感受到**魅力**的機率；進一步提高**顧客上門**的機率。換句話說，以**三階段機率論**為基礎，向路人展示，並將路人變客人的招牌，就叫作集客招牌。」

「嗯。我們的使命是運用集客招牌，幫助境內的店鋪興旺起來。假如生意興隆的店增加了，當地社區就會充滿活力，而當地社區的活力，會讓我們生活的國家活絡起來。換句話說，我們所做的工作也是在貢獻社會。我想說的是，至少在工作時必須有這樣的志氣。

一般說來，招牌不過只是廣告媒體的一種。然而製作用來集客的招牌後，會產生超越廣告媒體的價值。」

「社長您經常說，招牌並不是門牌，而是集客裝置。」

「這意思是說，運用招牌吸引顧客後，就會讓我們客戶旗下各式業種的店鋪興旺起來。真正的生意興隆是什麼？我們必須常常思考這一點。」

「我之前認為，只要光顧的客人增加，生意就會興隆。」

「一點也沒錯。但妳看到自己經手的店鋪情況後，就知道這不完全是正確的吧？」

椿堇偏了偏頭。

「我們用招牌吸引客人時，第一個要考慮的是如何針對客戶提案。以結果而言，只要換了招牌，每間店鋪的集客數都立刻增加了，這點也反映在資料上了。」

「的確，從短期來看是這樣。」

「這樣不行嗎？」

「妳經手的店真的變得生意興隆了嗎？」

「至少在短期上興隆了。的確，就如資料所示，我跟招牌博士經手的案子有差距，但我認為這是店面本身營業方式的不同。」

小山雅明微笑。

「原來如此。妳的意思是，妳和招牌博士的差異在於店鋪本身經營能力的不同。」

椿董臉紅起來。

「妳還記得我常說的話嗎？」

「您指的是哪些呢？」

「人為了什麼在工作？為了什麼要工作？

假如只做完交代的工作，人類就和單純的勞動機器人沒兩樣了。勞動機器人只要輸入程式，就會自動完成指定的工作。

但我們是人。

身為人類，必須常常思考為什麼，以及為了什麼而工作。」

「當然，社長這番話我一直都記在心裡。」

「人必須找出工作的意義和價值，否則就會永無止境地墮落。我們為了讓自己成長，也該時常捫心自問為什麼及為了什麼而工作，不是嗎？」

「是的。」

「讓店鋪生意興隆也是如此，我們為什麼及為了什麼要讓店鋪生意興隆呢？即使忽視這一點，單純拿集客招牌當藉口，說這能讓路人變客人，也不過是單純的傲慢罷了。這麼簡單的想法無法讓店鋪的生意真正興隆起來。」

「您的意思是要思考店面的價值嗎？」

「確實認清店家的價值、店家的想法、店家所扮演的角色，以幫助這家店招攬客人，就是我們的工作內容。

妳已經知道基本的理論，也有能力實際向客戶提案。」

小山雅明從辦公桌旁邊取出一本文件夾。

「這裡有六家店。」

他打開文件夾。

裡頭收錄的是「集客招牌製作委託書」，附有各個店鋪的資料和店老闆的要求。

「文件夾裡的案子就由妳負責。」

「好的。」

「這裡頭每家店的問題都不一樣，妳要考量他們的情況，同時製作對方真正喜歡、打從心裡滿意的招牌。

不過，妳可不能像以前一樣，做出只能用於短期的東西。要好好提案，設計出貨真價實的集客招牌。

另外，我要再出些功課給妳。」

「功課？」

「第一件功課，妳要找出真正生意興隆的店是什麼，以及讓一家店興旺起來需要什麼條件。」

「您是指打造熱門店面的祕密嗎？」

小山雅明點點頭。

「第二件功課，當妳明白打造熱門店面的祕密後，就要思考該怎麼用招牌呈現這一點。換句話說，就是去想如何運用招牌，將店鋪的本質傳達給路人知道。」

「是要深入學習集客招牌的本質嗎？」

「這也要妳自己去想。」

椿菫陷入迷惑。

「我知道了，我會試試看。」

「期限是六個月。妳要在半年後的今天，找出我剛剛說的功課解答，再來向我報告。當妳獲得這項功課的正確答案時，我就給妳招牌博士的職銜。但若答不出來，別說是招牌博士了，連妳招牌碩士的頭銜都會不保。可以嗎？」

於是，椿菫的任務開始了。

第1章

過時的沖印店

相片純色館
大阪市都島區東野田町4—4—5平田大樓1樓

「嗚哇，妳做出來的東西還真是不得了。」

沖印店「相片純色館」的老闆藤井浩德，看到攤開在眼前的店頭標誌設計方案後，眼睛都瞪圓了。

「哈哈哈，還真有趣。」

藤井充子在浩德旁邊笑得很開心。

「說什麼有趣……這可是我們開的沖印店耶！既然是沖印店，就該用綠色的富士底片標誌才對。」

「但就是因為一直掛著富士底片的綠色招牌，顧客才會減少啊，所以才不得不託人直接做新的招牌呀。」

浩德沉吟一聲，再度將目光放在設計方案上。

椿董帶來的設計方案以黃色為底，給人的感覺就像玩具箱一樣。

「我還記得以前跟藤井先生聊天時，您曾說相片是家人的回憶，沖印店是培養回憶的場所，因此我們就以大人小孩都喜歡的玩具國形象，提出這樣的設計。」

椿董微微一笑。

「玩具王國的玩具箱嗎？但這不像是沖印店啊……」

「說要打破沖印店形象的不就是你嗎！」

「唔，哎呀，說得也是……沿用過去的招牌和店面是行不通的，或許這種做法也不錯吧？」

大阪市都島區。

這塊土地位於大阪城北詰站的外緣。過去是工廠林立、大阪市屈指可數的產業地區。然而，工廠卻在地價高漲和甜甜圈現象（譯註：指都市中心地區人口搬到外圍郊區的現象）的影響下，遷到郊外，原址重新開發，現在則成了大阪的臥城（譯註：指都市邊緣提供居住機能的衛星城），林立著大規模的集合住宅。

或許因為是產業地區吧，道路廣闊，能瞭望到很遠的地方。人行道也很寬敞。

或許是走慣狹窄的、每逢與人擦肩而過都必須側身避開的人行道，椿菫因此心神不寧。她居住的城市，車道和人行道都很狹窄。

車輛和人潮更多到令人心煩。

難得遇到寬敞的人行道卻忍不住要靠邊行走，這在老家的老毛病怎麼都改不過來，習慣真是可怕。

微風吹拂。

隱約飄散著綠葉的香氣。

嫩葉萌芽的季節就快到了。

或許是非假日下午的關係，路上行人稀疏。椿董邊走邊檢視周圍的門牌。

應該在這附近了。

儘管從剛才就四處張望，卻沒看到她要找的那家店。

椿董要找的是一家沖印店。

椿董事先看過店鋪的相片，印象中是老式的沖印店。掛著富士底片的招牌，店門口前是自動販賣機，讓椿董想起小時候在街上的幾家沖印店。

這麼說起來，最近街上都找不到沖印店了。現在是數位相機的全盛時代，而在底片相機消失無蹤的過程中，她不知道經營沖印店有什麼意義。

老實說，椿董決定要經手這件案子時，就是這麼想的。

當她告訴小山雅明這件事之後，他是這麼回答的：

「做生意的方法理所當然會隨著時代的潮流改變。有的人在察覺業界衰退的瞬間就撤退；有的人沒能看穿時代的潮流，連個對策都沒有就消失了。

然而在日漸衰退的業務型態中，絞盡腦汁設法生存的人雖然不多，但也必然存在。這些人即使明白時代的潮流，也硬要留在市場上。我們的使命是去了解這樣的人為何想堅持下去，並將這份想法以招牌的形式具體呈現，盡力去做。

我想妳若只看見時代潮流，就無法理解堅持下去的人在想什麼。所以妳首先得充分了解這位客戶，了解他是以什麼樣的心態在經營沖印店。」

這是當然的。要是沒有把店面的經營方針問清楚，就做不出集客招牌。椿堇在心底低聲說道。

總之，現在必須做的是找出那家店，同時也要將經營方針問清楚。

店門口的位置應該是面向大馬路的，為什麼這麼難找呢？是弄錯地址？走錯方向？還是這家店已經不在了呢？

椿堇在不安的驅使下，產生這失禮至極的想法。

綠色的招牌映入眼簾。

是「富士底片」的招牌。

總算找到了。

不過，這個地方她已徘徊了好幾次。

為什麼之前沒發現呢？

「打擾了。」

椿堇打了聲招呼，走進店裡。

「……我大概看了一下，這家店的位置不錯。但從集客招牌的觀點來說，店鋪的氣氛和招牌流露的形象，絕對無法吸引顧客。所以明明店面的地點很好，路人卻不會注意到。」

心直口快的椿堇，馬上就脫口而出「店鋪的診斷結果」。

「其實我剛才也沒找到……」接著她又在口中喃喃道。

相片純色館的老闆藤井浩德和他太太充子隔桌坐在店鋪深處，露出苦笑：

「哎呀，妳剛才也迷路了嗎？」

因為是舊招牌嘛。浩德向充子聳肩道。

椿堇瞅了瞅他們的神色，說：

「招牌並不是店鋪的門牌，而是集客裝置。集客裝置會將店鋪的魅力，傳達給走在路上及開車經過這附近的人，把他們變成顧客。」

藤井恍然大悟地點點頭。

「兩位不妨思考一下路人的心理。假如你是一介路過的人，即使要去的店服務再好，也無法從外觀得知。但是對路人來說，要判斷一家店的基準就只有外觀了。

所謂的外觀，就是店鋪的氣氛，或掛在店門口的招牌。

然而，許多經營店鋪的人都以為招牌只是單純的門牌，不在乎路人怎麼看待自己開的店。

要是路人光看招牌就對這家店感興趣，並且記在心裡，或無論如何非進去光顧不可，招牌的意義就大於單純的門牌了。這就是招牌具備業務員的功用，三百六十五天、每天二十四小時拚命工作。」

藤井提高音量「耶……」了一聲。

「招牌是業務員嗎？這想法真有趣，我還是第一次聽到。」

「沒錯，集客招牌也有將招牌當成業務員的寓意在裡頭。這位能幹的業務員會不眠不休地向路人宣傳店面，而這就是招牌原本的功用。」

「真有意思。」

「因此，我們必須以科學的眼光看待招牌。我們會思考人的心理，以科學分析感性，進而設想邏輯嚴密的集客過程，反覆假設及驗證，同時提出將路人變成客人的招牌方案。」

「雖然不知道是怎麼回事，總之就是會在思考各個層面之後再製作招牌，對吧。」

「沒錯，這是為了讓招牌變成業務員，而不只是單純的門牌。不管如何只要帥氣就夠了……像這樣的招牌是不行的。招牌設計和效果上，必不可缺的是直接訴諸路人的心理。

因此要著重於客觀驗證，而非個人主觀。」

藤井夫婦發出讚嘆的聲音。

椿董不自覺地提高音量繼續說下去。

「我們會用科學的眼光看待招牌，以科學方式分析路人的心理和感受，同時配合各家店鋪，導出邏輯嚴密的集客過程。我們至今運用這種方法製作各個業種的招牌，而幸運的是，相當多的客戶都告訴我們集客數量有所改變。」

她露出有點僵硬的笑容。

「從客戶那邊聽到這樣的話，真會讓人高興到時時銘記在心。」

充子笑了。

「我們店裡的招牌要怎樣才能成為業務員，將路人變成客人？」

「是這樣的。」

椿董點點頭。

「集客招牌的基本概念，要先從招攬顧客的**三階段機率論**起步。

三階段機率論可分為**發現機率**、**魅力機率**和**顧客上門機率**三種。

發現機率指的是當人們走在路上時，招牌是否會自然而然地進入其視線範圍，並讓人得以辨識招牌上的資訊。

遺憾的是，純色館的招牌完全不在一般路人的視線範圍中。當然，只要停留在店門口，回頭看看店鋪，就會知道招牌寫了些什麼，但一般人絕對不會做出這樣的行為。

試想，特地停下來檢視店鋪，這樣很不尋常對吧？其實，要是招牌沒有自然地從正面進入路人的視線中，招牌這東西就沒有價值了。從這層意義上而言，純色館招牌的發現機率幾近於零。」

「哎呀……」

浩德抱頭。

「原來如此。」

充子抄起筆記來。

「接著是魅力機率。魅力機率指的是有多少路人在看到招牌後，會瞬間辨識出

顧客光臨必經三階段

①發現機率

招牌是否自然地進入路人的視線？

沒發現的主要原因

- ■沒有垂直對著路人行進方向的招牌。
- ■難以一眼看出這是什麼店。
- ■店鋪因為內縮、被行道樹遮住及其他原因，而難以發現招牌。

②魅力機率

看到招牌的路人是否能辨識店鋪的資訊並產生共鳴？

感受不到魅力的主要原因

- ■覺得這種店鋪隨處可見，感覺不到有什麼特徵吸引人。
- ■難以分辨店鋪是否在營業中。

③顧客上門機率

是否能讓來到店門口的路人順利入店光顧？

沒光顧的主要原因

- ■難以辨識入口的地點。
- ■入口周圍陰暗，對進入店裡感到不安。
- ■不清楚價格範圍，以為這家店消費昂貴。

店鋪的資訊，進而對店鋪進行的服務、店內環境或店鋪的營業型態等面向產生共鳴。換句話說，就是指招牌效果是否確實展現出來，讓路人在看到招牌的瞬間，就想進去店裡光顧看看。」

「招牌效果？」

「是的。這是指印在招牌上的資訊能以多大的威力抓住路人的心。魅力機率高的招牌可有效地在不經意間引導路人的心理。既然要讓路人光看招牌就想入店光顧，就不能單純只將店名和營業項目羅列出來。至於純色館的招牌……」

椿堇咳了一聲，稍微清了清喉嚨。

「我看了招牌之後，完全感受不到店鋪的魅力。不僅如此，這塊招牌還會讓店鋪的魅力喪失殆盡。」

提升機率後顧客就會激增

通行量	10,000人	10,000人
通行質	60%：6,000人	60%：6,000人
①發現機率	35%：2,100人	50%：3,000人
②魅力機率	30%：630人	40%：1,200人
③顧客上門機率	25%：157人	30%：360人
新增來客人數	157人	360人

只要分別將三大機率稍微提高，新增來客人數就會增加到兩倍以上。
另外，「通行質」指的是目標客層占整個通行量的比例。

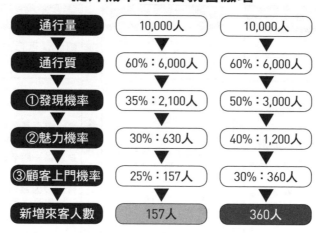

「嗚哇！」

浩德吃了一驚。

「這塊招牌真的這麼糟糕嗎……」

「是的，很遺憾。」

「真是個打擊。」

「而顧客上門機率，指的則是來到店門口的顧客能否順利入店光顧的機率。其實，顧客來到店門口，看到店裡的氣氛和招牌，而猶豫該不該進去的情況，比想像中更多。

我曾在東京某個鬧區的餐飲店店門口進行定點觀測。

在進行觀測的三十分鐘當中，來到餐飲店的店門口，看起來像要進去的路人有三十名。然而看到店門口的招牌和入口的氣氛後，離開店家的人卻有二十七名。」

「咦！只有三個人進去嗎？」

「是的。二十七個路人在店門口的菜單、招牌和入口附近頻頻觀望後，就迅速離開店鋪了。真可惜，假如店門口的氣氛和招牌能捉住路人的心，這三十個路人就有可能會變成店裡的新客人。」

「我們店裡的招牌……哎呀，這不用問也知道……椿小姐，我們店裡的招牌就拜託妳幫忙改裝了。請把招牌變成能幹的業務員，好讓路人能夠變成顧客。」

「客戶這麼期待妳的表現啊？」

AIWA廣告公司，社長室。

社長室位在建築物的二樓，面向道路旁的牆壁是整面的玻璃窗。此刻正值白晝，明媚的陽光燦爛地灑進室內。

對面的牆壁則是整面的固定式書櫃。

小山面向書櫃，挑了本書翻得沙沙作響，闔上後又抽出別的書本，視線在書櫃和挑選到的書本之間來回，同時對後方正襟危坐的椿菫說話。

「這樣妳也會有壓力吧。」

他輕輕一笑。

「純色館的招牌果然再怎麼看都很落伍。無論在發現、魅力和顧客上門機率方面，都完全沒有發揮功能。只要能夠改善這些問題，至少招牌會比現在還醒目。」

椿菫繼續說著，無視小山的挖苦。

小山瞥了椿一眼，嗤之以鼻道：

「換句話說，妳要維持現有招牌的設計，改善外觀嗎？」

「嗯。設計方面當然需要稍做修改，但只要把立式活動招牌放在店門口，在建築物的正面設置聚光燈，這樣就夠了。」

「嗯——」

小山回過頭。

「客戶也覺得這樣就好嗎？」

「不，客戶說他想要先知道具體的方案，還說對我們公司的期望很大，想快點看到具體的設計。不過雖然對方有著很高的期待，但只要根據三階段機率論，提出簡單的設計案，我想這樣就沒問題了。」

「原來如此。」

小山點點頭。

「我看了妳的報告，現在也聽了妳今後對這件案子的計畫方針，相信妳能夠真的提出最適合客戶的集客招牌案。」

「是的，那就使用現在講的這個計畫案。」

「我知道了。妳馬上製作計畫書，再拿給我看。」

「這是什麼啊？」

小山雅明看了一下椿董攤在桌子的計畫書後，這麼說道。

小山與椿董隔著社長室的會議桌對坐。

「這是純色館的招牌改善案。」

「我知道。我要說的是這計畫的內容。」

「這項企劃是將重點放在如何從路人的視點，輕鬆發現店鋪……」

小山搖搖頭。

「完全不行，小椿。」

他目不轉睛地對上椿董的眼睛。

「妳在小看這椿案子嗎？這種集客招牌計畫真是丟人現眼，可不能讓客戶看到。雖然我話講得很難聽，但這種方案連外路人都想得出來。不，這連方案都不是。妳必須拿出專家該有的工作表現。」

「凡是純色館提出的要求我都一一回應了，並且反映在計畫上，這哪裡不好了？」

「哪裡不好？」

小山聳聳肩。

「全部。」

「全部……」

「妳配合了客戶什麼樣的要求？」

「客戶說顧客的數量減少，想要用招牌設法扭轉現況。」

小山從椅子上站起來。

「既然如此，妳就去擬定這樣的計畫。」

椿董在新幹線上思考。

我擬定的計畫哪裡不好？

至少她提出的招牌方案，能夠讓路人認知到這裡有家沖印店。

「發現機率」用這套方案就夠了；「魅力機率」方面，沖印店的業務型態已經過時，無論如何都不可能再改善；而「顧客上門機率」，則確實做出經過入口的動線，凡是對沖印店有興趣的人，都能輕鬆進去光顧。

之後，就是店家能否努力經營的問題了。

自從小山駁回計畫之後，她就花了好幾天擬定其他計畫交上去。但第二次的計畫也被一句「完全不行」給打了回票。

小山看著椿董困惑的模樣，說：

「妳再去客戶那邊一次，聽對方怎麼說。假如可以的話，妳問他是懷著什麼樣的想法在經營這家店。」

「這跟招牌方案有什麼關係？」

「妳聽好了。」

小山豎起手指說：

「天底下沒有無緣無故一心只想經營店鋪的人。每個人在開店時，都有一段人生故事。換句話說，經營者身上獨一無二的故事，就蘊含在店鋪經營之中。

我們並不是接受客戶的委託，單純進行現場調查、構思方案，再以系統化的方式製作招牌就夠了。

運用集客招牌這項工具，幫助每間店鋪生意興隆，不就是我們的職責嗎？

既然如此，妳難道不覺得我們必須徹底弄清楚，店鋪是否反映出老闆的想法嗎？招牌的存在是要替店鋪代言其無形的話語和概念。」

於是，她現在人在新幹線電車上。

椿董在思考。

客戶的人生故事跟製作招牌方面並沒有關聯哪。

只要單純知道客戶的喜好不就得了？

配合客戶的喜好，同時遵循集客招牌的基本原則，就足以做出以路人為訴求的集客招牌了。

然而，既然小山都把話講到這種地步了，何況她剛好還要寫報告，所以還是姑且聽聽老闆怎麼說吧……

椿董舒了一口氣，深深坐進位子裡，閉上眼睛。

「是嗎，妳有話要問我們啊？」

藤井浩德納悶地歪過頭看了看充子。

「妳想問什麼呢？」

「我想盡可能地了解兩位是以什麼樣的想法在經營店面的。」

充子說：

「這跟招牌有關係嗎？」

椿董點點頭。

「我認為店鋪充滿了老闆的想法，一家店單靠店鋪本身是維持不下去的。老闆是懷著怎樣的想法投入店鋪經營當中？想要開創什麼樣的未來？這些人生所濃縮的結晶就凝聚在這家店鋪裡。」

「是啦，我們也不是什麼都沒想就開了這家店呢。」

「懇請兩位告訴我經營這間店鋪的理由。只要將這份心意以招牌的形式代言、傳達給路人知道，我想便能做出更好的招牌。」

原來如此。藤井大幅點頭道：

「我不清楚我們的故事和招牌有什麼關係，但不知道為什麼，就是對椿小姐講的話有同感，對吧？」

他詢問充子。

充子微笑。

「假如我們的故事能做出好招牌，儘管內容並不有趣，但還是請妳務必聽一聽。」

椿菫鞠了個躬，心裡卻嘀咕道，希望你們盡量長話短說。

「我們並不是一開始就靠沖印店維生的。剛開始我們在大型相片沖印店工作，只要經過沖洗，就會出現完全不同的相片，實在很有趣，於是我們就迷上沖印這份工作了。」

藤井浩德的目光瞬間飄向遠方。

「不過，自動處理機卻開發出來了。」

「自動處理機嗎？」

「以前要沖洗攝影過的底片時，都只能拜託大型沖印店，或是由攝影迷和專業攝影迷在自家弄個暗房，用手工方式一張張沖洗。但現在只要簡單設定好，透過自動處理機……說得極端一點，任何人都可以沖洗底片。本來這種機械是高價品，個人沒有財力持有。然而，我們卻拜這種機械之賜獨立開業。後來就專心在街上開沖印店維生了。」

「嗯……原來如此。」

椿董聽藤井描述開沖印店的事情時，感到有點困惑。畢竟她對沖印店的相關知識幾乎一竅不通，想像不出具體的情景。

「以前我們生意可好了。因為在店裡就能輕鬆沖洗底片，所以幾乎每個家庭都是我們的客源。

不過，現在數位相機和電腦十分發達，已經不再需要像我們這種老式的沖印店了。」

藤井苦笑。

「這就稱作衰退產業吧？老式的沖印店陸續關門，剩下的就只有像我們這種天生熱愛相片，想透過相片留下家族歷史，真正具有沖印店性格的人了。

我們會被時代淘汰吧？

這一點我很清楚。

但相片並不是單純用來記錄的媒介。

而是將拍照者攝影瞬間的記憶銘刻在底片中，永遠保留下來。

這才是相片。

即使別人認為我落伍了，但我卻熱愛相片，熱愛想用相片保留人生記憶的人，所以才希望能持續經營下去……」

「原來如此。藤井先生真的很熱愛相片呢。」

「是的，他天生就是個愛相片的人。」

「那妳打算訂什麼樣的計畫？」

「老實說，我覺得不管擬定什麼計畫，純色館也很難招攬到客人。」

「為什麼呢？」

「雖然這樣說很失禮……」

椿堇對坐在辦公桌前的小山雅明吞吞吐吐地說：

「呃……說白了，像這樣落伍於時代浪潮的衰退產業，不管怎麼看，都很難經營下去。」

「妳的意思是說，業務型態衰退的店面招牌不管再怎麼改裝，就是沒辦法根本解決問題嘍？」小山輕輕一笑。

「是的，您說得沒錯。就算招牌再怎麼設計，現在已是數位相機全盛期，像純色館這種老式的沖印店，我怎麼看都不覺得能夠招攬到客人，實在很抱歉。」

「藤井先生告訴妳，他本人為什麼要保住沖印店了嗎？」

「是的，他告訴我了。」

「他說了什麼？」

「他告訴我，相片是人生的記憶，家庭成員的記憶。只要有底片，有數位相機，有拍攝相片的裝置，就足以讓他們這樣的沖印店擁有存在的意義。這是因為他身為相片的專家，一定能幫助人們，將家族的記憶保留下來成為有形的事物。」

「妳聽了這些後有什麼感想？」

「我確實認為他是擁有信念的人。」

「不過，妳還是覺得很難用招牌吸引客人吧。這麼落伍的業務型態，很難靠招牌招攬顧客。」

椿菫默默地點頭。

接著小山改變了話題。

＊＊＊

「以前，我還年輕的時候，還有所謂的唱片出租店。」

「唱片嗎？那時還沒有CD啊？」

「對，那是在CD還沒問世之前的事。當時只要走在街上，到處都能看到唱片出租店和喫茶店。」

「原來如此，時代不同了呢。」

「差不多在唱片演進到CD流行的時代之後，唱片出租店就改名叫CD出租店了。」

「這就是現在出租店的先驅……」

「這些店直到現在都仍要面對一次又一次的波折。不過，潮流就是這樣。」

「波折？是什麼樣的波折呢？」

「其中鬧出軒然大波的是著作權的問題。

當時著作權法中沒有明文規定出借權。所以唱片出租店和CD出租店都能光明正大地出租市售的唱片和CD，也就是借給客人。

不過許多人認為這樣太輕視作曲者的創造性，反彈聲浪高漲，因而修改了著作權法。」

「出借權……嗎？這獲得法律認可了嗎？」

「沒錯。」

小山慢慢轉頭，繼續說道：

「法律規定，出借唱片和CD的業者唯有獲得權利人的允許，才能將商品陳列在店鋪裡。當然，這就衍生出支付著作權利金的義務。

後來，因為支付著作人的著作權利金轉嫁在租金中，逐漸加速顧客的遠離。

以前隨處可見的出租店陸續關門，就連大打電視廣告、拓展到全國的知名連鎖店，也在不知不覺中消失了。

出租店確實在邁向衰退之道。

其中，有一個年輕人從CD出租店開創出嶄新的商機。

他是一家出租店的工讀生。

他所做的事情，是替放在店裡的CD加上自行製作的解說手冊。」

「解說手冊……是專輯文案嗎？」

「對。專輯文案在顧客之間大獲好評，不久客人就回流到那家店了。」

「那位年輕人開創出現在出租店的經營之路了嗎？」

「並不是這樣。」

「啊，不是嗎？」

「他親手做的專輯文案引來其他店家的洽詢，於是他靈機一動，跟各地的出租店做批發生意，獲得成功。

這樁生意因緣際會的和音樂界牽上線，不久他就成立自己的公司。」

「咦？真厲害！」

「那家公司的名字是愛貝克思（AVEX），而年輕人的名字叫松浦勝人，現在是愛貝克思集團的社長。」

「哎呀……真是驚人的故事。」

「妳聽好了，我想說的是，即使在時代潮流中衰退的產業，也一定會有嶄新的商機存在。而能掌握它的人，就有機會步入更寬廣的成功之道。

從衰退產業中發現嶄新的商機。

換句話說，就是『創造需求』。

需求可以創造，能辦到這一點的人才能生存。」

＊＊＊

小山對椿董繼續說道：

「妳懂了嗎？就算一家店身處衰退的產業，並不代表這家店一定會因此沒落。只要弄清楚顧客的需求，不管店面處於什麼樣的狀態，依然有機會令其倖存並發展下去。就像一名年輕人藉由專輯文案發掘需求，不久就將之轉換成龐大的商機一樣。

妳經手的純色館一定也存在著有待發掘的需求，只是妳還沒發現而已。妳必須找出這一點，製作能向路人揭露其本質的招牌。衰退產業沒救了，這種話絕不能說出口。這是門外漢的思考方式，不配當個專家。」

小山雅明為椿堇講述的一名年輕人的故事，在她心裡投下嶄新的光芒。她想起前幾天和藤井浩德的對話。

「相片就是記憶。」

「家族的相片就是家族的歷史。」

「拍下孩子的相片加以整理，是父母的責任。」

「就算時代變了，只要還有相片這項媒介，其價值就不會改變。所以哪怕再怎麼辛苦，我也要持續經營沖印店。」

椿堇恍然大悟。

是嗎？以前我只拘泥於眼前的招牌該如何呈現，但必須要堅持的，卻是一家店著眼於什麼樣的未來，想要做些什麼……

這不就是在確立店面形象嗎？

我不該只將招牌視為單純的招牌。確立店面形象，展現在路人面前，這不才是集客招牌嗎？

椿堇驚訝於以往從未想過的新視點，同時感覺到心裡湧現前所未有的嶄新意象。趁著還沒忘記這種感覺，趕緊告訴設計師，擬定新的計畫吧。

椿堇對著電腦，開始敲打鍵盤。

玩具國的玩具箱。

理念確實就在其中。

藤井浩德說過的話當中，讓椿堇印象格外深刻的是「孩子的相片」。

於是她把焦點集中在這句話上，從這裡發想建立店鋪的意象，做出像是玩具國的玩具箱一樣的印象招牌。

「兩位覺得如何？」

椿堇觀察藤井夫婦的臉色。

「很好啊。」

妻子充子笑吟吟地答道。

「做出跟以前完全不同的招牌，這才是專家的工作，真令人佩服啊。」

藤井浩德說。

椿董鬆了一口氣。

「其實我一直很煩惱，自己沒有擺脫沖印店的形象，而深陷在沖印店＝沖洗相片的固有觀念當中。」

「是啊，我們也很難擺脫這種固有觀念。」

「不過，我突然發現了。」

突然發現純色館真正想做的是什麼。

當時，我想起藤井先生幾天前說過的話。『相片就是記憶』、『家族的相片就是家族的歷史』，以及『孩子的相片是父母的責任』，於是靈機一動。

因此，我才發現自己在思考純色館這家店的現況時，完全沒有將藤井先生講過的話傳達到外界。

換句話說，藤井先生心目中沖印店應發揮的作用，與路人看了店鋪後對純色館的作用有什麼感覺，這兩者是相距甚遠的。」

「這是什麼意思呢？」

「抱歉，我有點愛講大道理。」

藤井浩德聽了椿菫的話，露出苦笑：「沒關係，請妳多講些像是這樣的道理吧。」

「我們在衡量一家店的情況時，往往會從經營者的眼光和邏輯去思考。

然而，無論這家店是什麼業種，是什麼樣的業務型態，除了經營者以外，也還有員工、顧客，以及從店鋪外觀察的路人。

假如這四者對店鋪的觀點互有差異，店面理念就會分歧不一。

要是店面理念分歧不一，經營者和員工對店鋪的想法當然就有所差異，顧客對店鋪的想法也會不同，而路人心中的店鋪形象也會出現偏誤。

這麼一來，就算路人知道這家店的種類而光顧，他們對店鋪的想法也各有不同，而店裡提供的服務就會與路人設想的有所差距。

換句話說，經營者、員工、顧客和路人各自的觀點及對店鋪的印象，要是沒有確實統一，最後店鋪就會流失顧客。

統一這四者的觀點及對店鋪的印象，這就是我們所謂的『建構店面形象』。

純色館完全沒有建構出店面形象。

因此，前幾天我就在想，要是將藤井先生說出口的話，也就是將『相片就是家族的回憶』

當成店面理念，會怎麼樣呢？而當我在衡量如何將理念傳達給路人、該設計什麼樣的店鋪標誌後，就形成今天要提案的計畫了。」

藤井夫婦聽著椿董的說明，點頭贊同。

「這項店鋪標誌設計的重點總共有四個。」

她豎起一根手指。

「第一點，為了讓路人直接聯想到『孩子的相片』，我們要製作可愛的形象人物，放在沖印店前面。

形象人物既能讓孩子輕鬆了解，也容易產生親切感。尤其是像純色館這種站在『家人與孩子』的立場在營業的店家，很可能會展現出驚人的成效。

設計方案是將老闆藤井先生畫成河馬形象人物，以顯眼的圖樣印在招牌上，同時在入口周圍大量使用奇想風格的插圖，嘗試將孩子與家庭形象化。」

「河馬嗎？」

藤井浩德摸摸頭。

「很合適呢。」

充子笑了。

「第二點，我們要在建築物門面的側面呈現『回憶相片』的字句，讓路人在遠處也認得出來。

以前的招牌對路人的行進方向完全沒有辨識性，因此要在遮雨棚的側面，也就是在路人視線的正面，用大字印出『回憶相片』的字句，讓人一眼就知道這家店是沖印店。

同時，『回憶相片』這個詞會讓人感到這不只是一間洗相片的沖印店而已。」

原來如此。兩人點點頭。

「第三點，標誌的顏色要以黃色為底，使用粉紅色的字呈現歡欣感，讓看到招牌的人不由得開心雀躍。

用色要在流行當中賦予親近感。

同時，放置在店面的立式活動招牌也要統一用同樣的顏色，將整體塑造出『大型玩具箱』的意象。

玩具箱真讓人開心。孩子喜歡，大人也愛！

或許將店鋪當成玩具箱的點子很新穎，卻能有效地清楚告知路人店鋪的店面形象。」

玩具箱……很有趣呢。兩人同時低語。

「第四點，店門口的宣傳要大量使用插圖，讓店面具備歡欣和統一感。

具體來說，就是將大量使用奇想風格插圖的店內服務指南，與具有象徵性的文案一起配置在入口大門的周圍。

我們要將藤井先生說的話原封不動寫成文案，比方像是『孩子的相片是父母的責任』，或是『家族的相片就是家族的回憶』。

這樣一來，店面理念就更能傳達給路人知道，同時入口周圍雜亂無章的感覺也會消失，訪客能在愉快當中判讀出呈現在入口的資訊，得以用自然的方式塑造想要進入店裡的心理動線。

儘管許多店家都未製造進入店裡的動線，但若路人沒有光顧，他們還是不會變成顧客，希望兩位能將誘導動線的重要性記在心裡。

就如設計方案上所看到的，店面標誌乍看之下不像沖印店，營造出猶如玩具箱般的氣氛。

純色館入口大門（改善後）

（左圖）留下可愛孩子展露笑容的相片是父母的義務。by 阿浩河馬店長
（右圖）為寶寶拍照，每個父母都是知名攝影師。

用文案和插圖標示店面理念。看到這段話的人就能瞬間了解這家店的理念，以及會提供顧客什麼樣的服務。將店鋪的賣點和魅力簡單呈現在店面上，即可向路人強調店鋪的魅力（提升魅力機率）。

P2參照

然而在強調『回憶相片』的字句之後，方能建構出店面形象。

或許兩位會覺得改裝計畫很極端，但在這種方式下，才有可能對路人積極提出訴求。」

設置招牌的工作結束的那一天，陳舊的沖印店就變成「回憶相片純色館」了。

走在街上的人們都驚嘆地將目光停留在店鋪上。

顧客逐漸增加。

放學回家的小學生，有好幾個人喊了聲「你好！」，並進入店裡。

過去蕭條冷清的店鋪，現在天天都有客人上門。

（真不可思議。）

浩德和充子萬萬沒有想到，以前是那麼拚命努力地想要增加顧客，顧客卻愈來愈少。

但現在光靠招牌和標誌一口氣改變店裡的氣氛，讓大眾覺得很輕鬆就能進入這家店。

現在網站也配合店面改裝全面更新了。

「孩子的相片是家族的歷史。」

與店面改裝同時提出的這項理念，也成為網站設計和內容遵循的依歸。

「店鋪改變後，觀念也跟著改變了。」

浩德對充子說。

「以前我總是跳脫不出負面思考，覺得做什麼都沒有用。但當招牌改變之後，不但讓人印象深刻、在地區形成話題，我的想法也有所改觀，覺得人生並沒有白費，所做的事情沒有一件是徒勞的。」

「外表還真是重要啊，店和人都一樣。」

「妳這話好像在暗示什麼。」

「才沒有呢。」

充子笑了。

「不過，換掉招牌真是太好了。」

「真的，剛開始還在想會變成什麼樣子呢。」

改裝招牌後過了一年。

相片純色館在許多尚未歇業的同行中脫穎而出，「家族回憶相片」的關鍵字在搜尋排行榜名列前茅，在結果上導致顧客範圍限縮。但與店面理念「家族回憶相片」產生共鳴的顧客卻增加了，人數順利地比前年成長一二五％。

並且拜集客人數上升所賜，希望在「七五三節」及其他兒童活動拍攝相片的顧客也增加了，於是該店亦改變店內的內裝，進行創辦工作室的計畫。

而拓展了沖印店的客層後，除了主要目標客層的年輕媽媽之外，中高年齡層的過路人也變成了新的客源。

第2章

經營三代的喫茶店

Copain
東京都新宿區神樂坂6—50

神樂坂是條老街。

街道始於江戶時代，從西元一六二八年左右算起，已有將近四百年的歷史。

原本大老坂井忠勝在上坡的矢來町建造武士家庭的屋舍，為了通過位在下坡外層護城河的牛込見附關隘，而將這條坡道整修成「通勤路」。

坡道沿路皆規劃為武家屋舍，不久神樂坂就發展為武家屋舍町。當時從坡道的中上段之後都是階梯路，實在驚人。浮世繪上描繪出當時神樂坂的光景，的確也是一條階梯路。

據說現在的坡道是明治時代的產物。

如今正逢立秋時節。話雖如此，椿董卻在陽光毒辣的盛夏午後爬上神樂坂。

她負責改裝開在神樂坂的店家「Copain」的招牌，這是小山雅明給她的功課中的第二家店鋪。

椿董已事先獲得神樂坂這條街的相關情報。

為什麼變更店鋪標誌需要蒐集街道的資訊呢？椿董其實無法理解。只是小山雅明曾經如此交代過她。

「下一家店是怎樣的店呢？」

「是在神樂坂營業的咖啡館。」

「神樂坂嗎？」

小山輕輕一笑。

「神樂坂是條好街。只要從飯田橋車站爬到神樂坂途中的岔路上，稍微走偏一點，就會呈現另一種與大街不同的風情。這條坡道至今仍保留著花街的氣氛。」

「花街？那是什麼？」

「妳不知道花街？這樣啊，就是能聽到藝妓彈三味線的地方喔。」

「三味線？」

「算了，妳就自己去查查看吧。不過，從飯田橋到神樂坂的自營店鋪似乎很多，妳知道為什麼嗎？」

「我不知道。」

「當然，這裡也有全國連鎖店，但最醒目的還是小型自營店鋪，而且這些傳統的店家給人一種仍然不落人後的感覺。我常去神樂坂的關東煮店，每次過去時，就會感受到神樂坂這條街具備著頑固和包容力這兩個面向。」

椿董完全不懂小山說的是什麼意思。

「妳好像不太懂我在說什麼。算了，沒關係。妳經手的神樂坂店家是連鎖店嗎？」

「不，那是自營店鋪。創業者是現在老闆的祖父，換句話說，這家店傳到了第三代。」

「原來如此。」

小山雅明一瞬間放遠了目光。

「我並不認為神樂坂是一條已經順應時代潮流改變風貌的街道。然而，即使街道風貌有所改變，從過去就持續營業的店鋪也有少數殘存至今。妳要去調查為什麼會這樣。」

椿董感到迷惑。

「這跟這次的招牌改裝有關係嗎？」

「是否跟招牌有關，得視妳理解的程度而定。

我認為街道與店鋪密不可分。各種店鋪聚集而後產生了街道，要是街道的氣氛因時代潮流而更易，街道上的店鋪也會相對改變。

這次妳經手的店鋪是在神樂坂街上經營了三代的店。三代的話，那大約有四十年到五十年了吧？

就我所知，神樂坂這二十年之間風貌大幅改變。即使如此，這家店仍在神樂坂這一塊土地上營業，一定有其意義才是。

時代的潮流、街道風貌的改變，以及理想的店鋪經營方式，或許妳能透過這次的案子，看見與這些現象有關的事物。這對今後妳的成長來說，很可能是相當強而有力的武器。

為此，妳也該先了解神樂坂這條街。」

椿堇按照小山的囑咐，去調查了神樂坂這條街的歷史。

然而在她眼裡，這單純只是枯燥無味的歷史。

她的腦子裡響起這樣的解說：

「神樂坂在明治時代拆除武家屋舍之後，就成了現在這樣，坡道兩旁商店林立的街道了。

大正時代，大批商人趁著社會景氣正好及大正民主風潮聚集到此處，以便招待政治家和文化人士。因此，神樂坂上有許多藝妓營生，應運而生的藝妓館和高級日式餐廳鱗次櫛比。

進入昭和時代後，神樂坂就被稱為花街，從商人之街變成高級料亭之街了。

這種情況延續到二戰之後，就連現在進入小巷裡，都還保留著從前的氣氛……」

這感覺就像在惡補歷史一樣。

我在念書的時候就拿歷史沒轍了啊！

儘管椿堇發著牢騷，卻還是將關於神樂坂的簡略知識灌輸到腦子裡。她完全不懂，這些跟這次的案子有什麼關係。

椿堇來到了 Copain。

這似乎是平凡而隨處可見的咖啡館啊。

整體外觀的氣氛與全國知名連鎖店十分類似。

椿堇走進店裡。

「就如椿小姐所見，由於我們的顧客日益減少，想要趕緊設法挽救而參加了貴公司社長的研討會。你們『運用招牌吸引顧客的方法』這主題真是吸引人，總覺得可因此找出打破僵局的頭緒。總之，就麻煩妳多多幫忙了。」

喫茶店 Copain 的社長勝村忠之向椿堇微笑。

「椿小姐常來神樂坂嗎？」

「不，其實這是第一次來。」

椿堇不假思索地回答。

儘管勝村堆起滿面的笑容，但或許因為長相打從骨子裡就很高傲，所以別人會說他好像很冷淡、缺乏表情，讓當事人十分苦惱。因此，他盡量努力露出和藹的笑容，至於這份努力有沒有獲得成果，就不得而知了。

「神樂坂這條街的歷史可是出乎意料地古老。」

勝村說。

「從大街上看不出來，但只要轉入小巷子，就會發現其中還留有傳統的高級料亭和餐廳。儘管如此，但也有很多店面只有外觀傳統，內裡則改成了現代風格。」

「哦，這樣啊？」

「店鋪的經營也無法違逆時代的潮流。街道本身就會天天變化了，經營店鋪當然也必須配合環境更動。嗯，畢竟有許多店就是因為堅持而沒落的。」

「咦，這樣啊？」

椿菫再度說出同樣的話，連她自己都為詞窮而感到灰心。

「當然是這樣了。我們店裡就如椿小姐所看到的，正在衰退當中。」

勝村苦笑。

「神樂坂這條街也違逆不了時代的潮流。隨著時代改變，聚集在當地的人也會有所不同，喜好自然跟著變遷。為了在這條街上生存下來，還是必須跟進現在的潮流。儘管在經營的是這樣的店……生意還是不好。」

的確，Copain 的業務型態從傳統的喫茶店，變更為現代風的速食式咖啡館。

她可以看得出來，這家店單從形式著手，配合時代的浪潮在經營店鋪。

椿董這麼想。

「總之，即使如此，我也希望能設法在這塊土地上生存下來，因此才想把喫茶店的命運賭在ＡＩＷＡ廣告公司的集客招牌上。椿小姐，拜託妳了。」

勝村笑著懇託。

「我會盡全力做到最好。」

椿董說著，同時挺身行禮。

「不過，椿小姐，關於我們店裡現在掛的招牌，妳怎麼看呢？」

「這個嘛……」

椿董將進到店裡之前的感覺說出口。

「老實說，我對貴店的印象感覺是隨處可見的咖啡館。從路人的角度來看說不定會搞錯，以為這家店是源自哪家連鎖店。實在很抱歉，也許我說得太直了。」

勝村微微揮手。

「我才該慶幸閣下肯實話實說呢。或許事情的確如此。外觀參考連鎖店也是事實，說不定乍看之下真會有這樣的感覺。」

「有一項調查是在探討路人如何選擇餐飲店。結果指出，四〇％的人會看招牌和門口來挑選。」

「咦，是這樣嗎？」

「無論是什麼樣的店，最後路人能否變成客人，都會讓集客人數有所不同。尤其是像Copain這樣的店，會直接關係到店鋪的經營。

經過思考、解讀及誘導路人的心理，集客招牌會讓路人變成客人。」

「有意思。」

勝村忠之聽完椿董的話鼓起掌來。

「這觀念相當有趣，真是令人期待呀。不過，我有一件事要拜託妳。」

「好的，什麼事？」

「或許是因為神樂坂是條歷史老街，所以從以前就住在這裡的人，都有相當頑固的一面。我們的老主顧當中，也有許多從上一代和

新顧客有四成靠招牌選擇店鋪

你如何挑選第一次用餐的餐飲店？
（複選題，1,000日圓以下的簡餐除外。調查者為日經餐廳。）

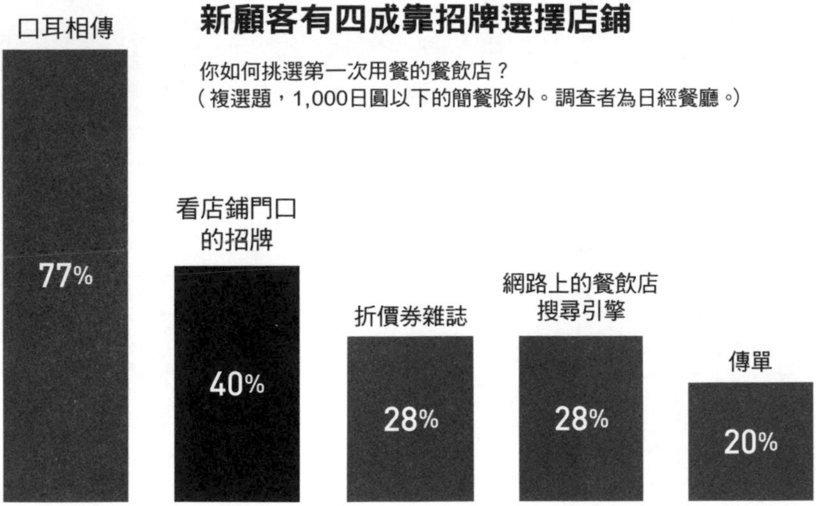

上上一代就有所往來，而我也想珍惜這些客人。

儘管原本就有人因為店面變成這種風格而離得遠遠的，但還是有許多熟客來光顧，無論時代再怎麼變化，這些客人依舊懷念傳統的事物。

所以我想跟椿小姐商量的是，希望貴公司幫忙設計的招牌，也能讓老主顧感受到其魅力……」

神樂坂有一座寺廟——毘沙門天善國寺。

這座寺廟也大有來頭，比神樂坂街的歷史還要古老。

毘沙門天善國寺創建於西元一五九五年，早在江戶幕府創設前就建立了。

椿堇佇立在寺廟的院落裡獨自思索著。

Copain的老闆勝村忠之委託椿堇製作招牌，希望不只能引發現在居民的共鳴，還要讓自古以來住在這塊土地上的人也有同感。

「我繼承這家店才僅僅十年左右。十年前，剛好有大型連鎖店和便利商店陸續進駐神樂坂，傳統店家大量消失。

就連夏目漱石經常光顧的西洋料理老店田原屋，儘管捱過泡沫經濟時代，但也敵不過大型連鎖店運用資本和 Know-How 的經營方式，就此消失。

敝店在我繼承的時候，周圍的環境已跟過去大不相同，光是來店客層本身就天差地別了。

原本我的祖父和祖母在這裡經營日式點心店。

當我父親繼承時，正逢西式點心比和菓子更受歡迎的時代。煩惱多時，最後改成提供手工蛋糕的簡餐店。

而在十年前由我繼承時，附近的住宅區陸續拆遷，現在大樓林立。

以前附近的熟客常會順道光臨，現在卻逐漸消失，換成新大樓的住戶在神樂坂昂首闊步，街道的氣氛也為之一變。

便利商店和大型連鎖店在這些人眼中是很熟悉的事物。

但他們不會來到像我們這樣的傳統喫茶店。

因此我也在想。

想將店鋪設計成新居民最熟悉的型態。

於是店面就成了現在咖啡館的形式。

但老熟客還是會覺得不對勁，這點我到最近才發現。

神樂坂的確是條老街，街道本身就是歷史。

在時代潮流壓迫下，有的店家消失，有的店鋪仍堅持傳統經營。而像我們這樣的店鋪則是配合街道改變經營方式，藉此奮力求生。

這樣的店當然想要新的顧客。

而且是迫切需要。

但我覺得不能只顧及新客人，長年支持的老客人也不能拋棄。

所以我想要拜託椿小姐，製作老熟客和新客人都能接受的招牌。」

椿董從毘沙門天的院落裡走到神樂坂街。

往飯田橋方向稍微往下走，就會看見左手邊有條小路。

她一時興起走進小路。

狹窄的道路兩旁，圍有黑色板壁的飯館並排而立。

腳下是和混凝土不同的石板路。

椿董鞋跟的聲音回響在小路中。

道路有點曲折，前方又出現新的小路。

椿董舒了一口氣。

接著就像是約好了一般，眼前有隻野貓悠哉地穿過小路。

她露出微笑，放鬆身體。

之前沒有注意到這裡空氣的濃度有所差異，溫度也不同。時光的流動似乎也在這裡緩和下來，好安靜。

嗯，連氣味也不同。

這裡沒有都會的氣息，卻也不是郊外的氛圍。

這是神樂坂的氣味。

原來如此，每條街上都會有自己的氣味啊。想不到街道之間有著不同味道，椿堇第一次發現這個理所當然的現象。

店鋪開在街上，街道聚集店鋪而活，店鋪與街道密不可分。

要是街道改變，店鋪就不得不改變。

街道的變遷也來自於店鋪的變遷。

椿堇停下腳步，隨即折回原路。

「哎呀，椿小姐。妳怎麼回來了？」

「實在很抱歉在百忙之中打擾。其實剛才我去逛過神樂坂的小巷，所以實在很想再問一問勝村先生。」

椿堇回到Copain後，就向勝村鞠了個躬，希望能跟對方再聊一次。

「妳想到什麼點子了嗎？」

坐在桌子另一邊的勝村招待椿堇咖啡，他自己也倒了一杯啜飲。

「不，我還沒有點子。只不過有件事讓我很好奇。」

「哦，讓妳好奇的事是什麼？」

「每條街有每條街獨特的氣氛。打造出神樂坂這條街的，正是像Copain這樣的店。我突然發現，店鋪改變街道跟著改變，也是件理所當然的事，而一家店則是成形於老闆及所有工作同仁的想法。」

「哦，原來如此。」

「所以，雖然這請求非常唐突，但不知勝村先生能否談談繼承這家店的經過呢？」

「我繼承這家店的經過啊，聽這個有什麼用呢？」

「我覺得在了解勝村先生之後，就能明白Copain的店面形象，以前這家店如何適應神樂坂這條變化多端的街道、今後該如何面對、而集客招牌能幫上什麼忙……這一切都要在知道勝村先生和這家店的事情後，才能弄清楚。」

唔——勝村思考了一下。

「我說的故事既不有趣，又很普通喔。」

「這樣也沒關係。Copain從令祖父創業以來，就一直在這塊土地上持續經營。勝村先生曾說過，神樂坂為了迎合時代的變化，連街道本身也改變了不少。」

「可能是因為地點的關係吧。以前有人寫了篇文章，提到像山之手與下町的正中央處，最容易感受到時代的變化，而我也覺得的確如此。」

「剛才我說自己走在小巷子的時候，覺得那裡有明顯的通透感，氣氛和其他街道截然不同，總覺得能以肌膚實際感受到神樂坂這條街的氣息。

那時我才突然發現，以前在衡量如何替店鋪招攬顧客時，都只把焦點鎖定在店鋪身上。店鋪是街道的一部分，而生活在這裡的人所開創的歷史會投射到街道上。既然如此，要是能知道勝村先生的歷史，聽聽您實際經營店鋪的過程，或許就能配合神樂坂這條街，製作出真正的集客招牌。」

勝村忠之啜飲了一口咖啡。

「嗯，雖然這些話不值一提就是了。」

他說了這句開場白之後，就開始將當時繼承Copain的經過告訴椿董。

＊＊＊

至今約三十年前，我念小學高年級時，隨著祖父母退休，父親就繼承了這間店面和土地，興建了大樓。一樓是喫茶店Copain，提供蛋糕和簡餐，從日式點心店轉型為有玻璃展示櫃的喫茶店。

我大學畢業後，就進入了大型營建公司，因為建築承包商不免得在日本全國到處跑。對於生在東京、長在東京的我而言，覺得外地的事物相當有吸引力。

總公司大樓位在飯田橋，我只在就職典禮那天進去過。儀式結束後，就馬上被趕到一開始分發的名古屋了。

之後，每逢我結束一個工地的工作，就會到另一個工地去，跑遍了日本列島，去過名古屋、靜岡、長野、岐阜、新潟、與本州有段距離的四國，以及北海道。我自覺很適合這樣的生活，過得非常快樂。

等到我接到父親的電話，問我：「你要不要回來？」

這時我已經在建築現場工作了十年，好不容易才當到工地負責人，可以獨當一面。

這正是我要累積經驗，工作變得有趣的時候，對吧？

真叫人為難。

「別說什麼要不要回來，你去找西點師傅吉野先生怎麼樣？讓吉野先生繼承不就好了？」

再怎麼說我也是長男，但當時卻沒想過要放棄大型建築公司工地負責人的職位和工作，於是我無情地拒絕。

「總之我不打算繼承家業，你去找別人吧。」

就是這樣。

首先，我打從出社會以來，就一直當工地負責人，和工匠師傅接觸；而我也想像不出自己和來喝咖啡的客人交際的樣子。

然而，父親還是很堅持。

之後他也打了好幾通電話叫我回去，真是糾纏不休呢。

當時我在北海道的札幌赴任，大概是二月中旬吧？父親突然來找我了。

沒錯，他應該是覺得打電話無濟於事。

北海道的二月可是很冷的。

這天也下雪了。

我去千歲機場接機時，驚異於父親從登機門出來的模樣。

父親提著深褐色的波士頓包，體型比我記憶中還要渺小，顯得老態龍鍾。他增加了不少白髮，說起來不誇張，當時我從白髮當中看到了父親的歲月痕跡。

最後，按照父親的計畫，我決定回到神樂坂。但因為當時還在公司上班，所以也不能說走就走。

幾個月後，我就在櫻花盛開的季節裡，來到Copain了。

「今天要教的是我們店裡的招牌商品——神樂坂泡芙的製作方法。」

西點師傅吉野先生從以前就在Copain工作，他從頭教我關於店裡的一切。

儘管已決定要獨立經營這家店，但畢竟我是個門外漢，直到我能大致做好廚房的事情為止，都不用談獨立經營。

我實在很感謝他。

每天我穿著圍裙，跟大碗及打蛋器為伍。

教學時，我會設法做出成果來，但若突然要我一個人做，要不是泡芙膨不起來，就是卡士達奶油結塊，做不出能拿到顧客面前的商品。

做蛋糕好難。

乾脆別在店裡賣蛋糕了吧？

我甚至這樣想。

我們的蛋糕不是能在電視上掀起話題的那些名店西點師傅做的，而是在蛋糕還很罕見的時代裡才有的老式蛋糕。現在這時代，便利商店販賣的簡單甜點就很好吃了。我不認為投入時間和勞力做蛋糕有什麼意義。

算了，這些只是無法隨心所欲烤好蛋糕的藉口罷了。

然而，有的熟客就是會大口咬著老式蛋糕和泡芙，吃得津津有味。每天看著他們的模樣，就怎麼也無法狠下心來不賣蛋糕，反而逐漸想守住這份味道，人心真是難懂啊。

儘管做蛋糕是那麼辛苦，但對我而言，真正麻煩的是接待客人。

我沒辦法向客人鞠躬行禮。

過去在建築現場，我是以工地主任的身分指揮大批工匠，沒有向人低頭的道理，而這習慣並沒有改掉。

我以前認為不低頭行禮是一種傲骨，但其實這種心態根本就不是自尊，只不過是撒嬌的孩子在耍任性罷了。

然而有一天我卻發現，鞠躬並不是拋棄尊嚴，而是傳達心中感謝的行動。假如真的感謝對方，任何人都會鞠躬的。但我卻連這種道理都不懂。

但當我想盡辦法學會招待顧客，也做出能拿到店面上的蛋糕，覺得似乎可以鬆口氣的期間，大型連鎖店和便利商店卻陸續進駐了神樂坂。這下可麻煩了。

兩者的資金能力和培養出來的 Know-How 不同。

換句話說，經營所需的基礎體力打從一開始就相異。

這就像是少棒聯盟突然加入美國職棒大聯盟，並與大聯盟隊伍比賽一樣，任誰看了都會認為贏不了。

何況這一帶的建築陸續遭到拆毀，故址成了高樓公寓林立的地方。

神樂坂這條街成為大眾傳播鎖定的焦點，主要受到年輕人的歡迎。

一般來說，要是一條街道有了名氣，相對地顧客就會增加。

但神樂坂的傳統店家卻陸續被迫一一歇業。

搬到新建時尚高樓公寓的年輕居民當中，有許多人並不是為了神樂坂這條街，而是受神樂坂的名字所吸引，才會定居在此。街道的名字成了品牌。

所以，他們會不自覺地走進新進駐的大型連鎖店和已經打出品牌的店，而不會前往以傳統方式經營的店鋪。

從以前就在此營業的店，來者都是熟客。

隨著那些熟客年紀漸長……說來叫人難受，但老主顧正在逐漸減少。

接下來要怎麼辦？

我想來想去，於是決定模仿大型連鎖咖啡館改裝店面，激發年輕人的興趣。
之後就變成現在這樣了。

＊＊＊

小山雅明聽了椿堇的報告後，輕輕一笑。
「看來，妳學會認真揮汗工作了。」
AIWA廣告公司，社長室。
會議用長桌安置在房間中央，椿堇將資料擺放在上頭，報告今天的情況。
她滿臉通紅地清了清嗓子。
「那麼，妳怎麼看？」
「您是指什麼？」
「街道與店鋪的關係。妳感覺到什麼了嗎？」
「走在神樂坂的街上，我無意間感受到一些事。
踏進神樂坂街大馬路的一條小巷道後，氣氛就截然不同。
大馬路上的確林立著最近開張的新店、便利商店及某家大型連鎖店，但後巷至今仍保有許多堅持傳統經營的店鋪，該怎麼說呢，可以感到氣氛完全不同了。」

小山用眼神催促她說下去。

「比方說，如果把大街上的新店鋪和連鎖店開設在小巷裡，生意大概會做不起來吧？總覺得，這種店會馬上退出市場。

勝村先生說，大街瞬息萬變，洋溢著每條街道都有的普遍氣息，但小巷子卻仍殘留舊神樂坂街道上歷史的味道。

街道確實會因所開設的店鋪而改變其風貌。

街道的變化就意味著當地的店鋪特性產生變化了嗎？街道的風貌會循店鋪的營業型態和客層而大幅改變。

所以，即使同樣在神樂坂，但大街與小巷的經營和集客方式完全不同。」

小山點了一下頭，問：

「Copain 是開在大街上嗎？」

椿菫點頭。

「是的，面向神樂坂街大馬路。」

「既然如此，」

小山把背靠在椅背上，雙手交叉道：

「據妳所言，這家店就有必要配合這點擬定標誌方案，對吧？妳有腹案了嗎？」

「這一點我想跟社長商量。」

「妳沒有點子嗎？」

「是的。說來慚愧……」

小山雅明輕輕一笑。

「妳的推測是，神樂坂的大馬路上有很多新開張的店，要是搬進小巷後，生意大概會做不起來。」

「是的。」

「這是因為巷子的小路林立著傳統店面，是具有神樂坂風味的街道。」

「我是這麼想的。」

「這樣想是大錯特錯了。」

「我錯了嗎？」

「是的，一條街道並不會只改變小部分。當街道改變時，就代表了時代在變遷，而這又代表整條街道必然會一起變化。

妳只不過觀察到神樂坂這條街的表面而已。

聽好了。

神樂坂的小巷裡並未保存傳統店家。」

椿董思緒陷入混亂。

「但是我親眼實地檢視過了，那裡留存著許多從前營業到現在的店。」

「從前存留下來的店，並不一定就是用以往的方式來營業的店家。沒錯，只有營業時展現傳統店家味道的店鋪，才會存留在小巷子裡。

但是街道的變遷就是時代的變遷。

街道在變化後，店鋪為了生存下來，就必須改變店鋪的營業方式。這是因為街道的變化，就代表當地人潮的思想在變化當中。

Copain 的老闆也說過吧。

公寓林立，住在那裡的居民會去新開張的連鎖店，或蘊含品牌魅力的店家，而不會找傳統店鋪。

遵守傳統經營方針的店鋪無法打動現代人的心，所以他們才不光顧，因此店家才會陸續歇業，嘗到苦頭。

就是這麼回事。

同樣是離開筆直的路，彎進小巷，但是進入的人，想法卻不會跟從前一樣。他們走進神樂坂小巷的心態，就和前往大型連鎖店和便利商店的人完全一樣。換句話說，無論店鋪位在街道的哪一角，傳統的經營方針都已不再適用。

試想這麼一來，這些殘存在小巷弄之中有傳統氣息的店面，究竟將如何變化？

這種店應該會刻意在外觀上表現得很傳統，但店裡的服務則是迎合現在神樂坂人潮的喜好。

假如不這麼做，店鋪就永遠無法存活下來。」

小山雅明向椿堇點點頭。

「妳走在街上的感覺很重要。

實際走一趟，透過肌膚感受街道的氣息和氛圍，能幫助妳製作店鋪的集客招牌。

不過可惜的是，妳還沒有以路人的觀點去走。

路人走在大街和走在小巷時，也不是以同樣的價值觀和角度在感受街道吧？

相信妳若能以路人的角度漫步在神樂坂的街道上，就更能明白我所說的話了。」

椿堇睜大眼睛聽著小山說話。

隔天。

椿堇再度來到神樂坂。

昨天她受到小山的話所刺激，便實際再走一次大街和小巷，感受一下自己的視角是否跟路人的心態相同。

她花了整整一天在神樂坂散步。

有時她佇立在路邊，專心觀察路人的動向。

有時她會進去巷弄的店裡，當個顧客吃吃喝喝。

她好幾次試著換個時間來到同一條路。

神樂坂這條街雖然在每個時間點會呈現不同的風貌，但感覺得到漫步的行人們，視線似乎總是朝著同樣的方向。

「神樂坂實在是條充滿魅力的街道。」

幾天後，椿菫拿著一個提案拜訪勝村忠之的店Copain。

「儘管大馬路的商店街分分秒秒都在配合時代而變化，但若走進一條稍微小一點的巷子，就會發現有些地方仍然保留令人懷念的昔日光景，佇立在這裡時，會感到自己正過著相當奢侈的時光。

然而，我因此了解了一件事。」

勝村饒富興味地看了看椿菫的臉。

「其實在大馬路上經營的店，及以傳統型態在小巷裡開業的店，骨子裡全都是用同樣的心態在經營。這是我在走過好幾次街道中發現的。」

「這見解很有意思，請妳繼續說下去。」

「其實，我從敝公司的小山那邊獲得啟發，之後花了一些時間試著走在神樂坂的街道上。」

椿董誠實說出當時的感覺。

「總結來說，不管是哪家店，都是隨著街道的變遷，配合現在的環境努力經營著。」

原來如此。勝村點頭道。

「的確，我在繼承這家店時，也認為光靠老店的名字會生存不下去，所以才配合現在的時代改變營業型態。

然而，就如前幾天和椿小姐說過的一樣，生意還是沒有起色。

而過去的熟客也變少了。」

「問題就在這裡。」

椿董指向攤開在桌上的標誌方案。

「最大的問題在於店鋪只依據現在的時代而改變外觀。

具體上來說，儘管 Copain 現在的營業型態是能輕鬆享用咖啡、蛋糕的自助式咖啡館，但這種服務型態還是全國連鎖店比較擅長。現況是，只要客人看到 Copain 店面的現場氣氛，就會誤以為是連鎖店。

這麼一來，路人和居民就會用熟知的連鎖店與 Copain 做比較。就心理上而言，假如兩家店外觀和服務差不多，免不了會光顧熟知的連鎖店。

簡單地說，如果為了迎合新客群的喜好，自營店鋪特有的優點，也就是 Copain 特有的優點便消失了吧？」

「原來如此。請繼續說下去。」

「謝謝你。Copain 從以前就一直擁有一項很大的武器。說起來，就是店裡提供的獨家商品『神樂坂泡芙』。

神樂坂泡芙我也嘗過，相當美味。自從前幾天得知勝村先生辛苦的一面後，就更能感受到泡芙凝聚著店鋪的傳統和歷史。

因此，這項標誌方案是將神樂坂泡芙展示在店門前，全面改變店面的裝潢，以正攻法向路人提出訴求，而不標新立異。」

勝村探出身子，看了看椿董帶來的計畫提案書。

「首先，要在店面設置立式活動招牌，將泡芙的相片大大地展示出來。內嵌照明的立式活動招牌可以自由更換相片和看板，能經常適時地傳達店鋪的資訊。

第二個改善的重點則是變更招牌的顏色。

現在的招牌為統一的暗綠系色調，從路人的角度觀看店面時會不顯眼，因此感受不到店鋪本身在營業，激不起令人想進去的積極動機……所以招牌的顏色要全面更換。

變更後的顏色要統一為明亮的胭脂系色調。這種暖色系會給人**溫暖**、**舒適**、**安心**和**西式**的印象，這樣方能有效塑造店鋪的氣氛。

第三個重點是撤下模仿大型連鎖店的店面標誌，另外以兩種方式集中宣傳。

一種是POP廣告，用美術字體將所有資訊呈現在面對道路的窗戶上。

另一種則是立式活動招牌。

要是店面入口的周圍雜亂無章，製造動線誘導顧客到店裡的計畫就會失敗。」

勝村忠之興味盎然地反覆看著招牌計畫提案書。

椿堇看到勝村反應的同時，想起了昨天小山說的話。

「強打商品說穿了就是在選擇顧客。

一般人往往以為是顧客在選擇店鋪，但其實由店鋪選擇顧客才符合邏輯，才是最根本的店鋪經營方式。

比方說，當一家店想推薦強打商品給顧客時，就只會吸引喜歡該商品的顧客，而這樣的顧客極有可能會成為這家店的粉絲。因為無論如何，只有這家店提供自己喜歡的商品和服務。

我認為，選擇希望能來店裡的顧客，並將之表現出來，才是真正的集客。」

Copain在改裝招牌後三個月，就變成大排長龍的熱門店家了。

儘管從過去開始，冠著當地地名的神樂坂泡芙就是店裡的熱銷商品，但將照片和商品名放上招牌後，就成了名副其實的招牌商品，不到傍晚就賣完了。

等老闆注意到時，已創下比前年高出一二〇%的銷售率。

第3章

次等地段的地下室店鋪

田町大人的漢堡排
東京都港區芝5－23－15
第2克萊爾海內大樓地下1樓

小山雅明出的「功課」——第三家店的案子，是替新開張的漢堡排專賣店設計店鋪標誌。

椿董事先勘查開店前的店面，在附近的家庭餐廳和老闆見面。

老闆名叫橋本伸一。

似乎是第一次開店。

「其實我並未正式在餐飲店學習。儘管在各種店裡工作了將近十年，卻都是兼職。唔，這是因為以賺取生活費的手段來看，到餐飲店打工可以迅速達到目的。」

「你還做了哪些工作呢？」

聽到椿董的疑問，橋本浮現孩童的惡作劇被發現時的表情，笑著說：

「其實我一直都在演戲，隸屬於劇團底下。或許妳也知道，幹演戲這一行的人實在賺不到什麼錢，能夠當演員維生的人只有一小部分……」

「對了，」

橋本伸一說。

「我想以『田町大人的漢堡排』為店名，妳覺得如何？」

「這樣啊……我不是經營顧問，無法明確告訴你這命名是好是壞。」

「我還是想在新店開張時，採用具衝擊性的名字。

既然都拜託專家製作集客招牌了，希望能聽聽這方面的構想。

從集客招牌的角度來看，什麼樣的命名最能讓人印象深刻。」

椿菫猶豫片刻，不知道該怎麼辦。

但轉念一想，這其實是揭露集客招牌觀念的好機會。

「集客招牌的理論中，有一個概念叫三階段機率論。」

椿菫端正坐姿，同時說道：

「我們向客戶提出集客招牌的方案時，常會以三階段機率論為基礎，思考招牌呈現的效果。」

「聽起來好像很厲害嘛。」

「我們會站在招牌是誰在看的觀點去思考。」

「是誰在看……這樣啊……那是什麼意思？」

「許多人常犯的錯誤，是從經營者和員工的視點構思及製作招牌。」

「店鋪的特色本來就該做成招牌吧？我覺得這沒什麼不好。」

「直接以招牌方式呈現店鋪的特色並不是問題。

但老闆和員工往往會自以為是地提出自己的主張，或是照老闆的喜好呈現及製作招牌，而沒發現他們忽略了顧客的角度。」

「比方像是什麼樣的招牌？」

「儘管街上可以看到有些招牌用難懂的外文標示，但路人卻時常在移動，不會一間間停下來看。路人會一面行走一面辨識招牌，而以外文標示的招牌會讓人搞不清楚該怎麼念、內容是什麼意思，這樣路人會對那家店有多大的興趣呢？」

「哦，原來如此。」

「另外還有許多店，只將店名大幅印在招牌上。」

「用招牌呈現店名很好啊。」

「假如思考一下路人的心理，就會發現這樣是錯的。」

「是嗎……」

「請想像一下有個人走在街上，想要找家店進去光顧。

比方說，假如那個人在午餐時，還沒決定要去哪個地方吃什麼，而他對這條街不熟，也不曉得這裡有沒有既美味又便宜的店家。在這種情況下，橋本先生會怎麼找餐廳？」

「這個嘛……」

橋本伸一雙手交叉。

「我應該會先到處看看吧？反正我會邊走邊東張西望，尋找是否有適合的店。

唔，這時我可能會邊找邊思考自己要吃什麼。或者反其道而行，研究找到的餐廳可以吃什麼。」

「換句話說，橋本先生在尋找時，會仰賴店鋪的外觀和招牌。」

「嗯，沒錯。」

「既然如此，假如這家店的招牌只印出大大的店名，橋本先生看了之後會想進去嗎？」

「只有店名嗎……原來如此，我確實不會看到店名就想進去。

熟客頻頻光顧的店是另一回事，但在第一次進去時，只有店名的招牌不會成為我的第一選擇……」

椿董微微一笑。

「招牌用難懂的外文標示也是如此。

用外文標示的弱點

用外文標示的招牌看似時髦，卻很難分辨這是什麼樣的店，難以激發光顧的動機。

光看一眼不曉得是什麼店、提供什麼商品，路人一定會感到不安。

切記，路人不會注意店鋪老闆和員工的單方面堅持。

從集客招牌的角度而言，假如招牌沒能清楚展現這家店的屬性、店裡提供什麼樣的服務，即使招牌再醒目，也難以吸引客人。

招牌是給路人看的，而不是給老闆和員工看的。得先從這一點做起才行。

換句話說，我們必須設想路人處於什麼狀況下、從什麼位置觀看招牌，以路人的視點構思招牌呈現的效果。」

「謝謝你。集客招牌的基本理論三階段機率論就是從此衍生出來的……」

「咦，很有趣嘛。」

「具有衝擊性的好店名啊。」

小山雅明瞥了一眼堆在辦公桌上亂七八糟的文件，同時嘆氣。

每天從公司所有單位送來的報告堆積如山，小山稍微不小心就會把辦公桌搞得一團亂。儘管只要勤快地閱覽文件就好，但小山卻喜歡在公司裡走來走去跟員工講話，直接聽他們怎麼說，不喜歡在辦公桌前和文件奮戰。

所以不管過了多久，堆積如山的文件也不會減少。因此，這種麻煩的狀況便持續下去，小山有時想到這件事，就會難過地嘆氣。

「我在說明從三階段機率論而言，什麼樣的招牌標示容易吸引路人時，對方卻想知道這個店名用得好不好……」

椿堇無視小山的悲嘆，將新開張漢堡排店老闆請託的難題說出來。

「這也難怪，有些店名的內容確實是集客招牌的一部分。」

小山與辦公桌上堆積如山的文件奮戰，同時看了椿堇一眼，然後他停手，說：

「要是只掌握集客招牌的基本理論，點子要多少有多少。」

接著，他就深深地坐在椅子上。

看來他似乎放棄與堆積如山的文件奮戰了。

「不過，妳確實掌握到集客招牌 Know-How 的基本理論了嗎？」

椿堇微微點頭。

「當然，我常將集客招牌的基本理論三階段機率論作為顧問服務的基礎。只不過最近卻很迷惑，這樣真能稱得上是完全掌握集客招牌的基本理論嗎？」

「什麼地方讓妳不安？」

「假如以提高發現機率、魅力機率和顧客上門機率為前提構思招牌，那麼設計和配色不管再怎麼修改，都會變得很相似。」

「是嗎？」

「是的。假如要構思路人眼中容易立刻發現的招牌，就會覺得醒目的配色還是該用暖色系的色調；假如要讓路人看了招牌後感受到魅力，就必須把店內陳設和料理的照片放進去；假如要自然地誘導路人走到店裡，就會立刻想到在店門口設置登載菜單的立式活動招牌，或者用箭頭標示，將路人誘導到入口。

我有時會擔心，儘管替不同的店鋪製作招牌，到頭來卻不脫這個模式，構想便會僵化，還會到別的店鋪提出設計相同的招牌案。」

小山凝望空中，緩緩地說：

「有一家飯館叫作『河豚・季節料理　三木』，以合理的價格提供鰲魚料理及其他海鮮。那塊招牌是我們公司做的，妳看過了嗎？」

「不，我沒看過。」

小山點點頭。

「有一家居酒屋叫三丁目的串燒店，所提供的串燒料理包括魚串在內，通通都是二百九十日圓。這家自營店鋪在新宿三丁目的鬧市，競爭對手環伺，但銷售額順利成長。那裡的招牌也是我們公司做的。這妳該看過吧？」

「實在很抱歉，我沒看過。」

小山再次點頭。

「我知道妳很清楚集客招牌的基本理論。但就如妳自己指出的，固有觀念太強，再怎麼努力也無法轉換構想。妳去仔細看看我剛才說的兩家店的標誌方案，之後再跟我談一次。」

住商混合大樓的二樓旁邊，用藍底白字寫著店名。

「河豚・季節料理　三木　2F」

走到鬧市的小巷後，就能清楚看見這樣的招牌。這是典型的側懸式招牌。從建築物的正面來看，整片牆都貼上深藏青色的貼紙，圍住二樓的窗戶，而懸掛的招牌上僅用白字寫著「河豚・鱉魚・季節料理　三木」。

椿堇注視「三木」招牌改裝前的相片，小山雅明就是叫她看這個。雖然覺得這種講法很失禮，但乍看之下，就像是連偏遠地區都不流行的小型餐館。她嘀咕道。

確實，側懸式招牌就出現在路人視線的正面，會進入行走在路上之人的視野，然而招牌本身的配色和洋溢著過時感的設計，卻讓人感受不到驚奇之處。

假如有人繞到建築物的正面，仰望二樓的店鋪，說不定會嫌招牌設計太過冷冰冰，連這是什麼樣的店都不知道就當場離去，椿董想。至少我會猶豫要不要進去光顧。

接著她將改裝後的相片攤開在辦公桌上。

側懸式招牌的位置一樣。

設置在建築物二樓的招牌也跟之前的位置一樣。

但給人的印象卻完全不同。

側懸式招牌以米色為底，用黑墨的手寫風字型，寫出尺寸最大的「鱉魚」字樣，而旁邊尺寸稍小的「河豚、現釣活魚」，則用掉整塊招牌的四分之三空間，大幅刊登出來。

此外，這些字樣的上方還配置插圖，是用筆畫出來的水墨風鱉魚。

圍繞在店名「三木」的文字雖小，但從路人的角度來看，「鱉魚　河豚・現釣活魚」的字樣就會立刻進入視野裡。

換句話說，從路人的觀點而言，只要往正面行走，「鱉魚　河豚・現釣活魚」的單字就會猛然進入視野內。而且不單是看到這些字句，還能在不假思索下明白這是什麼樣的店。

懸掛在整面牆上的招牌則更為巧妙。

首先，畫在招牌上的水墨風鱉魚圖，就像圍著窗戶一樣。

而旁邊是碩大的手寫風文字「鱉魚　河豚」，再下面是以水墨風圖案描繪的魚，從牠嘴巴的部分冒出對話框，寫著「釣魚痴老闆」的文案。

而容納文案的圖案下方，則配置了「現釣活魚店」的字樣。看到整塊招牌的瞬間，不但會知道這家店是什麼樣的店、提供什麼樣的料理，也能想像是什麼樣的人在經營店面。

設計巧妙的招牌雖然簡單，卻能漂亮地煽動人類的心理，讓椿董嚇了一跳。

儘管招牌以同樣的尺寸配置在同樣的位置，但只需配合路人的視線改變字體、設計和顏色，也能讓招牌改頭換面，且魅力十足。

這一點讓椿董在驚訝之餘，還感到不可思議。參照第10頁

椿董攤開小山指示的第二家店——三丁目的串燒店的照片。

這是改裝前的照片。

位在角地的大樓地段條件最好。

不過，當椿董看到大樓入口的全景相片時，最先留住她目光的卻是鮮紅色的招牌。知名連鎖店的招牌突然躍入眼簾。

掛在下面的招牌一點都不醒目。

雖然招牌的尺寸和文字的大小完全一樣，卻只有上方的招牌很顯眼，下方的招牌就被掩蓋了。

果然。

椿菫心想。

紅色系色調的招牌就是可以誘導人類的視線。

下方那塊不醒目的招牌是「三丁目的串燒店」的。

然而改裝前的招牌店名，卻標示為「烤雞串和魚串專賣店　新宿串燒店」，似乎是趁著改裝的機會變更店名的樣子。

椿菫打開改裝後的照片。

她瞪大了眼睛。

下方的招牌在看到照片的瞬間躍入眼簾。

儘管連鎖店的紅色招牌和以前一樣懸掛在上方，相對位置不變，但改裝後的招牌卻最先留住她的目光。

哎呀，好厲害。

椿菫不假思索地將驚訝道出口。

招牌的底色改成淡褐色系。

標示的文字「炭火　魚串雞肉串酒館」是手寫字體，就像外行人用筆寫上的一樣。

而下方的「淺顯易懂通通290日圓」，則是大張旗鼓強調店裡的菜單為均一價。

咦，沒有店名。

椿堇仔細觀察相片。

然後，她就發現上頭用小字寫著「三丁目的串燒店」。

原來如此。

她想起小山的口頭禪：「重要的是讓路人明確知道這是什麼店，而不是店名。」

這塊招牌的確能讓目光停留的人瞬間了解店裡的服務內容，嗯，真有意思……椿堇點點頭。

即使如此，但一般來說，紅色系應該比褐色系來得醒目，為什麼這塊招牌明明是褐色系，卻能立刻映入眼簾？

椿堇仔細比較相片，同時覺得疑惑。參照第11頁

「褐色比紅色醒目的原因？」

小山凝視攤開在會議桌上的相片，同時納悶道。

「這話是什麼意思？」

「請看。」

坐在隔桌座位的椿堇指著「三丁目的串燒店」的相片回答。

「改裝招牌之前，上方店鋪的紅色招牌顯然比較醒目。但在改裝後，反而是我們製作的招牌會躍入眼簾。明明顏色沒有比紅色鮮豔，一定要說的話，就是穩重的褐色系色調，為什麼會比塗抹成鮮紅色的鮮豔招牌還醒目，這讓我覺得很不可思議。」

原來如此，小山喃喃道。

「褐色並沒有比紅色特別醒目。」

他看了看椿菫，輕輕一笑。

小山把玩個人電腦（他使用電腦的方式與其說是操作，還不如用把玩二字比較貼切），同時叫出畫面。

螢幕上出現兩張圖。

「妳知道前進色和後退色嗎？」

「知道。」

「妳說明一下。」

「顏色可分為看起來會往前凸的顏色，以及看起來會往後縮的顏色。看起來會往前凸的顏色叫作『前進色』，看起來會往後縮的顏色叫作『後退色』。」

「繼續說下去。」

「『前進色』主要為暖色系，假如招牌一律採用前進色，就會獲得直接躍入眼簾的效果。『後退色』大抵而言多半為冷色系。要是招牌選用冷色系，看起來就會比實際遙遠，比實際小。」參照第9頁

「是的。比方說，鰲魚三木改裝前的招牌是典型的冷色系招牌，看到的人會覺得招牌比實際上更小。改成暖色系的米色之後，招牌本身就會顯得很大。」

椿堇點點頭。

「是的，我知道。但我怎麼也搞不懂，三丁目的串燒店的確是將白色的招牌，換成暖色系的淺褐色，但上面的鮮紅色招牌還掛在同樣的位置。既然如此，為什麼三丁目的串燒店的招牌會先躍入眼簾呢……」

「妳好像常常一次只注意到一件事。」

「這是什麼意思？」

「妳聽好了，招牌並非單由顏色所組成。妳必須綜觀整體，看看招牌透露什麼樣的資訊，用什麼風格描繪。」

椿堇感到納悶。

「我當然打算綜觀整體……」

小山豎起一個手指，在面前左右揮動。

「妳只有打算親眼去看，而沒有真的看出整體的結構。三丁目的串燒店改變的並不只有招牌的顏色。」

「是的，我知道。」

「既然知道，為什麼妳只在乎招牌的顏色呢？妳仔細看好了，三丁目的串燒店改裝後的招牌，全都用手寫風字體對吧？不僅如此，招牌的樣式還能讓人一眼看出這是什麼店。」

「確實如此。」

「此外，這塊招牌還以獨特的方式，強調店裡所有菜色一律290日圓對吧？」

「招牌上寫著『淺顯易懂通通290日圓』的文案。」

「招牌附上文案，用手寫的文字標明『淺顯易懂通通290日圓』，從路人的眼光會怎麼看？」

「您指的是會看到什麼嗎？」

「我在說這塊招牌會給人什麼樣的印象。」

「哦。」

椿堇仔細看著相片。

「不過這只是我的感覺。」

「有感覺就夠了。」

「這塊招牌給我的印象是，這是一家個人經營的店鋪。」

小山輕輕一笑。

「對吧？那懸掛在上面的全國連鎖店招牌怎麼樣？相形之下，這塊招牌的確給人一種連鎖店的印象吧？」

「經您這麼一說，確實有這種感覺。」

「換句話說，人不只對招牌的顏色有反應，還會瞬間掌握招牌整體的結構，藉此判斷其呈現的印象。印象強烈的招牌在心理上會比較龐大，看起來很近是理所當然的，一點也不會不可思議。」

「原來如此。」

椿菫大幅點頭。

「我明白社長所說的意思了，或許我真的只拘泥在一件事上。」

「妳必須具備遼闊的視野。其實三丁目的串燒店這店名是我想出來的。」

「是這樣的嗎？」

「要說為什麼改變店名，第一個理由在於考慮到新宿三丁目的地點特殊性，第二個理由則是想讓人一看店名就明確知道這是什麼店。」

「請社長說得詳細一點。」

「首先，新宿三丁目的地點特殊性，在於這個地方從以前就有非常眾多的自營店鋪及個性十足的店，與新宿其他地區的街道色調有點不同。

假如顧客來到自營店鋪眾多的地方，最好把他們當成不想去連鎖店的人。隨便哪家店都好的客人不會來這裡，而會到別的地區。

然而，特地來到新宿三丁目這條街上吃吃喝喝的人，卻對自營店鋪有特別的期望。

假如餐廳位在這種地方，卻還掛上類似連鎖店的招牌，路人絕對不會在這個時候選擇這家店。

因此，我才要強調這家店開在新宿三丁目上，由個人經營。

當時我在思考，以店名強調這是一家自營店鋪的同時，是不是該乾脆只靠店名，讓路人知道這家店提供什麼餐點？」

「這段故事真有意思，難怪店名會改成三丁目的串燒店啊。」

「我也很厲害吧？」

小山輕輕一笑。

「真不愧是社長。」

椿董由衷佩服。

「最重要的莫過於必須明快地向路人和顧客宣傳，這家店要以什麼理念去經營。

招牌也是一種媒體，能夠輕鬆向外界傳播店家的想法和理念。

要是只把招牌當成單純的門牌會怎麼樣呢？

招牌就只能單方面傳達店家（也就是老闆和員工）的想法，就如妳對橋本先生說的一樣，當招牌忽視路人的視線和心理，僅僅用大篇幅呈現店名，或是用難懂的外文書寫，乍看之下，就會不曉得這是什麼店。

這種招牌完全撇開顧客和路人的角度，不管他們看了有什麼感覺。招牌既是店家給顧客的訊息，也是保證。」

小山這麼說著，整個人靠在椅背上。

「妳知道店面形象的概念嗎？」

「稍微懂一點。以前社長曾經教過我。」

「咦，是這樣嗎？那妳就簡單說明一下。」

「店面形象指的是在經營店鋪時，要統一店鋪老闆的想法、職員的想法、顧客的想法和路人的想法。」

「謝謝妳簡單的說明。」

小山輕輕一笑。

「店鋪是否能讓這四種想法一致，其實也是生意興隆的條件。」

椿菫點點頭。

小山跟著點頭，繼續說下去。

「店面形象的基本概念就跟妳剛剛說的一樣，現在我要補充說明的是具體做法。或許這會成為理論根據之一，闡明為什麼必須以這種觀念製作集客招牌。」

椿菫大幅點頭。

「一家店光靠經營者是維持不下去的。

光靠職員也維持不下去。

路人對那家店抱持興趣而進入店裡，就變成顧客。

假如變成顧客的路人認為店家提供自己想要的服務，令人喜愛的店內環境，對供應的料理及其他商品感到滿意，就會變成熟客……忠實顧客。

歸根究柢，店鋪經營就是能讓店家的粉絲增加多少。

那也意味著能培養多少個熟客，也就是忠實顧客。

現在我希望妳能先想想。

想要讓店鋪生意興隆，並不是單純亂拉客而不問對象。

比方說，要是減價招攬顧客，的確有可能達到集客的效果。

但這些顧客是為了降價商品和店家附加價值以外的事物而來，終究只是哪裡便宜就上哪去，而那家店想要的客層則必然會錯失。

為了減價誘因而來店的顧客，會在減價結束的瞬間離開。這是因為來到店裡的顧客並不會變成那家店的粉絲。

想要藉由店面形象讓生意興隆，就必須創造集客的良性循環。老闆設想的店鋪經營理念和營業理念要和員工的觀念同調，實際活用在店鋪營運上，變成具體的形式；接著路人就會在清楚辨識後光臨，變成店家的粉絲。

目前為止，店鋪營運都是從**如何讓顧客選擇店鋪**的觀點實行。

但我的想法卻完全相反。

如何讓店鋪選擇顧客——應該以這樣的觀點經營店鋪才對。

假如要探究集客招牌的理念，就會發現結論是要建構店面形象，而這就是在建構**擇客品牌策略**。」

椿董在能瞭望國道一號線的窗邊座位上，與橋本伸一見面。

橋本所選擇的家庭餐廳，地點距離新開張的店鋪很近。

三木和三丁目的串燒店的照片就攤開在桌子上。椿董以這兩家店鋪的改裝實例為樣本提供點子，設想什麼樣的招牌適合懸掛在新開張的漢堡店。

「店面形象嗎？」

橋本納悶地看著三丁目的串燒店的照片。

「重要的是我該弄清楚，自己想做什麼樣的漢堡排，供應給誰。」

「沒錯，就是這樣。」

椿董微笑。

「重點在於明智決定橋本先生做的漢堡排想要給誰吃。

這樣一來，自然就能敲定經營理念。

而若運用在招牌上，公開在店鋪外，就能明確向路人和顧客宣傳橋本先生的店面，讓他們知道這家店對供應的漢堡排有什麼堅持。」

「原來如此。就是招攬我希望能來店裡的客人光顧。」

「所以我想請教的是，橋本先生對自己的漢堡排有什麼堅持？」

「這個嘛……」

橋本伸一笑了。

「我設計食譜幾乎都憑自己的一套，但我對味道很有信心。

我也很堅持肉的產地，調配的味道有信心能讓吃慣美食的美食家接受。

我們店裡推出的（壓低聲音）兒童漢堡排品質可是完全不同。我真的很有自信。」

椿菫微微點頭。

「既然如此，那就像這家三丁目的串燒店一樣，製作蘊含微妙差異的招牌，直接表明只有在這裡才吃得到的味道，或許也不錯。」

「是嗎？」

橋本重新仔細注視三丁目的串燒店的招牌。

「假如店名改成這樣，就會變得相當淺顯易懂，激發路人的興趣。

因為在新宿三丁目而叫『三丁目』，因為供應串燒而叫『串燒店』……

確實只要看上一眼，就能了解這是什麼樣的店……」

原來如此。橋本口中喃喃道。

椿菫看著橋本的樣子，同時發現想要讓生意興隆，重點終究在於由誰供應什麼商品，而不是在哪裡開店。

橋本伸一想出「田町大人的漢堡排」這個店名。

「田町」這個地名是橋本給路人的訊息，表明只能在這裡吃到。

而標示「大人的漢堡排」，則是店家向路人擔保菜色會追求品質和味道，以滿足講究飲食的成年顧客。

單單店名就能充分表達店家的營業理念，讓橋本很滿意。

即使如此，集客招牌的觀念與其說是獨特，不如說是非常合理。

集客招牌以科學方式分析過路人的心理，設想邏輯嚴密的集客過程，以便掌握路人的心，讓他們對招牌內容印象深刻……

或許集客招牌的觀念會成為今後店鋪營業的啟示。他這麼想。

橋本正式和椿董洽談招牌的設計。

經過多次商議後，椿董拿著設計方案過來。

「招牌的設計方案做好了。請先過目一下。」

椿董一邊說著，同時開始講解。

「田町大人的漢堡排，店面位於離ＪＲ田町站徒步十分鐘的範圍內。

儘管這家店位在商店街後面，要沿著櫻田大街穿過小路才會抵達；但大大小小的公司散布在該地。此外附近還是慶應大學的校園，地點非常適合經營餐飲店。

不過，店鋪所在的位置在小巷子後的一角，又是地下室的店面，從條件來看並不是太好。事實上，餐飲店更迭的情況相當劇烈。」

橋本點頭。

「說得也是，這很難稱得上是一等地。」

椿菫微微一笑，繼續說下去。

「想想看，這種條件下的店鋪，要怎樣才能常常招攬到新的客人？假如要在從主要幹道分岔的小巷，將路人（潛在的新客）引導到地下室店面，當務之急就是得讓他們**發現**這家店。

儘管沿著同一條道路有卡拉OK和按摩店林立，但幾乎所有店面都是餐飲店。換句話說，來附近的人幾乎都是為了飲食。

既然如此，就應該讓踏進這條馬路的路人清楚辨識出店鋪，同時瞬間感受到『我想進去！』的魅力。

因此，我們要先將側懸式招牌、旗幟和立式活動招牌設置在店門口，讓店鋪自然躍入路人的視線。

當路人看著前方走路時，這三種招牌的其中之一或全部，會以很高的機率映入其視線。假如在這條路上通行多次，就會提高辨識率。招牌要設置在這些地方。」

「這還真厲害。」

「路人發現招牌後，接下來就該讓他們瞬間明白這家店提供什麼料理。

通常，為了做到這一點，我們會大張旗鼓地將業態名放進招牌，而不是店名。

然而『田町大人的漢堡排』卻是店名等於業態名的稀有案例，所以這時要大肆印出店名，藉此宣傳業務型態。

因此，只要若無其事地以『一〇〇%近江牛』的文案，傳達這家店採用高品質的肉類，就更能有效讓路人知道店鋪的特色和魅力了。」

「就是要清楚傳達店鋪的魅力吧。」

「沒錯。路人對店裡供應的東西神經兮兮的程度，比店家想得更嚴重。因此，只要清楚呈現烹調時採用什麼品質的肉，就能消除路人的不安。」

「看樣子招牌連細微的心理都顧慮到了。」

「假如把招牌當成集客裝置而不是門牌，就必然需要這種心理誘導。」

椿董微笑。

「店鋪位在地下一樓，換句話說，就

田町大人的漢堡排設計方案

改裝後瞬間就能知道這家店提供哪種飲食，還能展現店裡的氣氛，進而促使路人光顧。

側懸式招牌設計

簾幕設計

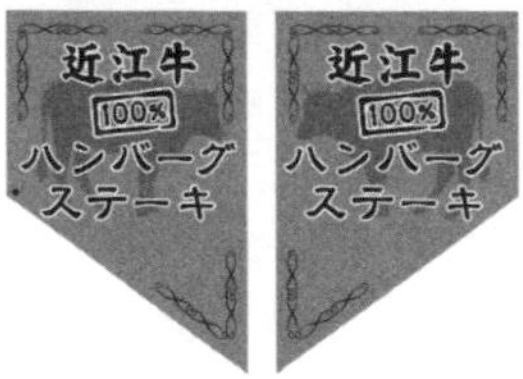

P6參照

立式活動招牌設計

是地下室店面。

敝公司長年累積的統計資料明確顯示，覺得地下室店鋪難以鼓起勇氣走進去的人，比地面上的店鋪更多。

究其原因，就在於從外面不知道店裡的氣氛。

因此，我們決定將店內照片登載在立式活動招牌上。

只要看了照片，就能掌握店裡的風貌和氣氛，有效地在猶豫著該不該進去店裡的顧客背後偷偷推上一把。」

「原來如此。」

橋本屢屢點頭。

「開設在地下室的店鋪很難招攬客人進去，所以要用照片介紹店裡的情況嗎？

儘管單純，卻是個大盲點。」

「重點是在人們想進入店裡的感覺中加點理由。告訴人們，店內情況是這樣，裡頭有美味的漢堡排在等著他。」

橋本伸一發出一聲讚嘆的嘆息，重新看了一次設計方案。

田町大人的漢堡排在設置招牌後，顧客的數量逐漸增加。

儘管是十坪左右的小店，卻在一年後達到每天七十人，每月銷售額四百八十萬日圓的記錄。

這家漢堡排店也因大排長龍而多次登上媒體。

此外，該店漢堡排的Know-How更成為要授權的技術，提供給希望加盟的店家。現在簽訂授權契約的店鋪正接二連三地開張。

第4章
顧客流失的雞肉串燒店

金太郎　西八王子南口店
東京都八王子市台町4－47－12

「BOOKOFF啊。」
小山雅明靠在椅背上坐著，緩緩地說。
「BOOKOFF……您在說那間知名的BOOKOFF嗎？」
椿菫聽到小山這句話後，疑惑地回應道。
這次的案例是「金太郎炭火雞肉串燒」，而BOOKOFF和現在要長篇大論的事情完全無關。
「還說什麼『那間』，講到BOOKOFF就只有那一間了吧。」
「也是。」
「妳知道那家店嗎？」
「我經常利用他們的服務。在尋找不久前還話題十足的書籍時，實在既方便又省事。」
「BOOKOFF造就了買賣近期二手書的業務型態。加入二手書店這一行，轉眼間就成了人盡皆知的大企業。」
「是啊，這真是了不起。」
椿菫回答。
儘管她在心裡吐嘈，「金太郎」的事要怎麼辦啦……
「這少說也是十幾年前的事了。當BOOKOFF這間小公司還只有幾間店鋪時，我曾和他們在工作上有所往來，製作過集客招牌。」
「這件事我知道。」
「這位客戶的要求可真嚴格。」
「是這樣嗎？」
「就連設計的時候也特別重視細節，還重做了好幾次。」
「是嗎？」
「當時社會上還沒什麼人知道這家店。」
「是啊。」
「然而，BOOKOFF早在那時候起，就完全站在顧客的眼光去經營店面了。而且他們還要求從顧客的角度呈現及設計招牌。」
「比方說？」
「『本』這個字是套用字型對吧？」
「您說的是書本的本吧。」
「設計時也特別重視左撇右捺的部分，尺寸要夠寬，角度要順眼。」
「嗯……」
「BOOKOFF站在觀看者的角度，特別在意顧客和路人看到『本』這個字時，是否能瞬間留下印象。於是撇捺的部分就比一般文字更往外延伸，讓設計好的字體呈現出縱深和寬廣的感覺。」

「看來他們連細節都很堅持。」

「BOOKOFF的業務型態是從顧客手裡買進書籍，清潔後再擺到店面銷售吧？」

「沒錯，他們跟一般的二手書店不同，特色在於銷售時將書本的美觀也視為商品價值的一部份。」

「換句話說，要是沒有顧客賣書給他們，就經營不下去了。」

「就是這樣。」

「換作是妳，會用什麼宣傳技巧吸引大批顧客賣書？」

「這個嘛……採用類似『高價收購書本』的方式會比較保險吧？像是本公司會出高價買書，運用店頭POP廣告向光臨的客人宣傳相關訊息。」

「這點子真普通。」

「很普通嗎？」

「這種方法任誰都想得出來，但BOOKOFF不一樣。」

「哪裡不一樣？」

「他們宣傳時寫出的文案是**敬請拋售書本**。」 參照第15頁

「這不都一樣嗎？」

「的確，意思是一樣的。」

「沒錯吧。」

「但視點不同。」

「視點……嗎？」

「沒錯，就是視點。『高價收購書本』的文案終究是站在店家的角度來看，告訴大家這家店會高價收購顧客的書……沒錯吧？」

「您說的沒錯，這的確是在強調店家會購買顧客的書。」

「那麼，**敬請拋售書本**怎麼樣？」

「這句話是在說店家希望顧客可以賣書，視點就改從顧客角度出發了……」

小山雅明向站在辦公桌前的椿董滿意地點頭。

「承蒙顧客拋售書籍，店面才能維持營運……聽起來不就是這個意思嗎？」

「原來如此。聽起來的確也不算並非如此。」

「妳說話的方式還真拐彎抹角。」

「敬請拋售書本」這句話象徵BOOKOFF以顧客為出發點的經營理念。

P15參照

「才不是這樣呢。」

「算了，別管這些了。即使意義相同，但光是改變視角，言語給人的印象也會有所差異。單就這個例子便可以明白，BOOKOFF這家企業完全是從顧客的觀點在經營店鋪。

換句話說，經營店鋪最重要的是，要以人人都能憑直覺了解的形式，明確呈現這家店鋪是站在什麼樣的觀點，為誰服務。」

小山出的功課的第四家店鋪名叫「金太郎」，是一家炭火雞肉串燒店。主要分布在東京都八王子市，以小規模連鎖的方式擴展業務。

總之先到現場看看，順便去金太郎的總公司與對方面談。

椿堇回公司後，向在辦公桌前把玩電腦的小山這樣報告道：

「這家店位在JR西八王子站前，地段不但完全沒問題，而且還是首選。」

「問題出在哪裡？」

「嗯，問題在於店鋪的理念和招牌不合。」

「哦？」

小山敲打鍵盤的手停了下來，饒富興味地朝椿堇看去。

「光從招牌來看，外觀絕不算差勁。不僅如此，從美感的層面來說，也是品質精良的設計。

但當我看到招牌掛在店鋪上的狀態後，該怎麼說呢，總覺得招牌似乎營造出寂寞的氣氛。店鋪的格局和招牌不搭調，這家店本身就散發出寂寥的氛圍。設計品質精良，反倒讓人覺得好像很多餘。」

「妳認為為什麼會變成這樣？」

「因為招牌設計太想討好年輕人了。」

「這原本是間普通的居酒屋吧？」

「是的。這家店是居酒屋，以炭火雞肉串燒為主要商品。」

「原來如此。換句話說，這家店的客層並非以年輕人為主，而是上班族和稍微年長的人。他們下班回家時會順便去一下。」

「的確是這樣。雖然如此，那段時間顧客卻流失了，經營變得困難。原以為單單鎖定以往的客層難以吸引顧客，才意圖打造出年輕人也會光顧的店，將招牌的設計改成那個樣子。結果，無論是以往的主要客層或者年輕人，都沒能被吸引，才落到今天這步田地。」

小山稍微搖了搖頭。

「這是常見的陷阱。以為經營的範圍擴展得愈大，集客人數就增加得愈多，這種如意算盤經常會落空。顧客的分母變大後，就會淡化店鋪的特徵和理念。經營店鋪時很難貫徹理念。換句話說，從這個例子也能發現，建構店面形象有多麼困難了。妳覺得怎麼樣？」

椿堇深深吐了一口氣。

「是嗎，店面形象嗎……」

「嗯？妳現在才知道啊。」

「不，其實直到剛才聽社長說話之前，我都沒發現這一點。原來如此，是店面形象啊。金太郎的時髦招牌失敗的原因，就在於未能徹底塑造出明確的店面形象！」

小山雅明凝視椿堇的臉，他的嘴巴仍然張著。

不一會兒，小山放聲大笑。

「妳、妳還真有趣……我從以前就覺得，妳其實很天真吧？」

小山笑得止不住，沒多久就咳個不停。

椿堇輕輕咳了一聲，羞紅了臉。

她打開手邊的筆記本，繼續說道：

「原本開居酒屋的目標是要讓當地居民隨意順道來光臨，才堅持創業當時延續至今的炭火雞肉串燒。希望顧客食用便宜又美味的雞肉串燒，同時喝杯酒，好消除一天的疲勞，明天也要開朗地奮鬥下去……老闆就是秉持這樣的理念在經營店鋪。

金太郎的店名取自民間故事中的《金太郎》。開朗、朝氣而健壯。

老闆將故事中『金太郎』的形象塑造成店鋪的形象，也就是理念。於是店名本身就成了經營理念。」

小山擦乾眼淚，問：

「既然理念很充分，為什麼沒能徹底塑造出明確的店面形象？」

椿董翻了翻筆記本，答道：

「我從執行董事那邊聽到的故事相當有意思。該說是金太郎的歷史嗎？總之，我詢問對方創業後一路走來的經驗談，而對話的內容或許能回答社長的疑問。」

哦，這不是很有趣嗎？小山說了這句話後，就催促椿董繼續講下去。

「執行董事增子和雄先生與董事長增子勝先生，是一對年齡有相當差距的親兄弟。原本店鋪演變至今的契機，就在於哥哥勝先生在八王子市開了居酒屋，而大學生和雄先生則幫忙經營……」

「兩位剛開始開店的地點也在八王子嗎？」

增子和雄聽了椿董的問題後，點了點頭。

狹窄的岔路穿過 J R 八王子站南邊入口的圓環，途中有一棟看似民宅的小型大樓，那裡就是金太郎連鎖店的總部辦公室。

椿董去訪問的時候，辦公室裡只有執行董事增子和雄一個人在待命。

小小的辦公室裡，有四張辦公桌大小的會議桌，以及設置在三面牆壁的整面檔案櫃。連牆壁上都貼有手寫的標語，像是企業理念或經營方針之類的。雖然只有增子和雄一個人待在那裡，卻能感受到公司的活力，讓椿董有點驚訝。

椿董隔著會議桌與增子和雄對坐，努力針對西八王子南口店的招牌改裝一案進行初次面談。

「沒錯。我那個社長哥哥……阿勝在八王子市開店的時間是一九六八年。他先前在汽車公司當業務員，但從以前開始就對餐飲店感興趣，於是突然辭職不幹，在八王子的巷子裡開設三坪左右的店。」

「兩位原本就在八王子市出生嗎？」

「不不不。」

和雄在面前揮手。

「我們是栃木縣那須人。唔，就是鄉巴佬啦。」

「那為什麼來到八王子呢？」

「這個嘛，是因為哥哥在八竿子打不著邊的地方開店。

當時我問他原因，結果他這麼回答我：

『八王子住了許多山梨人和長野人，這塊土地在講方言的人心中是相當自在的。無論是毫無矯飾的人情味，還是當地的風俗習慣，都最適合我們這種鄉巴佬做生意了。能在臭味相投的土地上經商，是再好不過的了。』

當時我心想，原來如此，關鍵就在於沒必要打腫臉充胖子。」

「現在貴公司以八王子為重心，開了十一家店鋪對吧。」

「其實，有一段時間是這個的兩倍。」

「啊，是嗎？」

椿堇摀住了口。

「真對不起。」

「不會不會。」

增子和雄揮舞手掌。

「當時我們還很沾沾自喜呢。」

「那是什麼時候的事？」

「應該是泡沫經濟前不久吧？整個社會朝泡沫化筆直邁進，風潮正盛。我們也趁機大量增開新店。

當時一講到八王子，就會想到老舊家屋林立的街道，居酒屋之類的店不多。而我們的金太郎能讓顧客隨意順道光臨一下，所以生意興隆得很。

況且時代還在泡沫經濟前夕，業務員也好，當地的店老闆也好，手邊的零用錢都很充足。尤其是像我們這種店，能夠拿便宜又美味的雞肉串燒下酒。

所以店裡連日擠滿顧客，也不奇怪。

就這樣第二家、第三家，連鎖店接連在八王子市開張。

總體來說，八王子市地域廣大，即使金太郎到處開店，連鎖店之間也不會互搶客人。

不僅如此，隨著第四家、第五家店鋪的增設，金太郎在八王子市的知名度也水漲船高。

當時有家晚報這麼寫道：

『不知道金太郎的人，就不是真正的八王子市民。』

這真讓人興奮不已，值得自豪。

我們被媒體採訪，已經算得上是熱門名店的經營者。

我們乘機擴大開店的區域。

從立川發展到都心。

這感覺就是要『Go West!』。

妳知道這是什麼意思嗎？

過去美國在二十世紀初淘金熱旺盛之際，曾流行『Go West!』的標語，意思是『往西邊去！』當時男人夢想著一本萬利，爭先恐後地湧進美國西部的金礦區。

而我們就像這股熱潮般，『往東邊去！』

店鋪的數量一口氣增加不少。

現在回想起來，這種做法並不恰當。

當時，我們著了魔地認為先增加店鋪數量再說。卻忽略了金太郎追求的店面理念，是讓顧客在金太郎用餐時消除一天的疲勞，明天依舊『開朗、朝氣而健壯』地過日子。當然，我們本意並非如此，結果卻落到這般地步。

與其讓顧客變得『開朗、朝氣而健壯』，不如盡可能吸引許多顧客進來，改善迴轉率，盡量提升店裡的利潤……不可否認，當時確實變成這種情況。

儘管如此，當時是泡沫經濟時代。

就算置之不理，顧客也會上門。

就算營業待客上略欠斟酌，顧客還是會上門。

所以服務便馬虎了起來，料理的品質也下降了。

泡沫經濟就是這樣的時代……我們這樣正當化自己的行為。

老實說，拜泡沫經濟這個異質的時代之賜，我們真正追求的店鋪風貌，彷彿在這一刻變得清晰起來。

沒錯，這是在找藉口。

不過泡沫經濟崩潰卻是世間必然的道理。

經濟崩潰了。

有一天我去了其中一家分店。當時是晚上七點。

通常在尖峰時段，店裡應該會有很多客人……對吧。

但我看到的光景卻不是這樣。

店裡顧客零星，進來光顧的大概只坐了全部的四分之一。幾年前店裡還人滿為患，現在卻空蕩蕩的。

我看到這副光景後心想，這也是沒辦法的啊。

變成這種情況是時代的錯。不只我們受苦，世上所有人都一樣。自泡沫經濟崩潰以後，洋溢在世間的閉塞感，也感染到我們的店裡。

每家店鋪多多少少都會遇到同樣的狀況。

即使如此，我們還是不斷地開分店。

『往東邊去！』

然而，一個勁地執行開設分店的計畫，銷售額沒成長的店鋪就會增加。我們進行增設分店計畫的同時，也不是沒有重新評估既有的分店。

這真是矛盾。

顧客都走了，還進行新的分店開設計畫。在此同時，也在重估銷售額沒有成長的店鋪。實行計畫的過程中，各個分店的經營方針就改變了。每家店的服務內容和品質也變了。

有一則小故事象徵了這種改變。

二〇〇一年，初夏。

是的，我沒忘記當時的事。

直到現在，我仍清楚記得是何時發生的事。對我來說，衝擊就是這麼強烈。

有一位從創業伊始就在的老員工，獲任為某家店的店長。當時他意志消沉地來到辦公室。

『辛苦了。』他輕聲說了一句話後就不發一語，坐在辦公桌前，面色凝重地打開帳簿。但他只是盯著帳簿，並沒有要動手翻閱的意思。

我斜看了他一眼，若無其事地出聲道：

『最近店裡的氣氛怎麼樣？』

『其實……』他講出的話嚇得我面如土灰。

這是店裡的常客說的。儘管那位客人來得不是那麼頻繁，但每個月都一定會來個兩、三次。

那位客人會單獨來店裡，坐在吧台前，用餐兩小時左右再回家。店長有空時偶爾會跟他閒聊，彼此還算認識。

當時那位客人似乎突然想到一件事，這樣問道：

『話說回來，我一直想問，金太郎的雞肉串燒是用炭火烤的嗎？』

店長不由得『咦？』了一聲，不敢相信自己的耳朵。

『呃、嗯，是的，我們從創業時起，整家店就是用炭火烤的。當著顧客的面烤出串燒，就是我們的做法。』

店長告訴我，儘管當時他這麼解釋，卻覺得全身的力氣都被抽走了。

我聽了報告後，也覺得全身的力氣都被抽走了。

金太郎從創業時開始，經營的方式就如顧客看到的，是用炭火在店鋪前台燒烤食材。既然是路面店，路人應該也能看到燒烤的情況。但顧客卻問了：『是用炭火烤的嗎？』

這真的嚇了我一跳。

這起事件不僅是我，相信金太郎全體員工都會感到震驚。

以前金太郎號稱『不知道金太郎的人，就不是真正的八王子市民』。

的確，這幾年來，銷售額沒有成長及下滑的店鋪正在增加當中。

我們以流行的設計改造這類店鋪內外的裝潢。即使如此，業績卻沒有順利提升，有的分店還倒閉了。我們原以為這是時代的錯。八王子的金太郎，地位應該堅若磐石。

任誰也想不到，顧客的內心已經遠離了。

『是用炭火烤的嗎？』

單單一句話讓我們不得不承認，顧客離開不是時代的錯，不是景氣的錯，而是自己的問題。

我們馬上中止開設新店，舉公司之力拚命改善既有的店鋪。

我和哥哥參加企業經營講習會，將獲得的知識立刻引進店鋪經營中，積極前往勢不可擋的熱門名店視察。

我們覺得單憑一己之力會有極限，於是還請來了顧問，力求改善。員工也捲入其中，全都想方設法要重拾店鋪的榮景。

但效果並沒有提升。

不久後，我開車視察各個店鋪。

發現道路兩旁的風景和以前不同了。

以前是農田的土地在不斷開發後，成了住宅和公寓林立的風景。

年輕夫婦推著嬰兒車在十字路口等綠燈，歡喜地看著孩子的臉龐。

新的大樓也興建起來，人流也和以前不一樣了。

我突然想起一件事。

想起八王子這條街也和住在這裡的人一樣，變化甚鉅。

與哥哥剛開始在這條街創辦金太郎的時候相比，現在不僅時代變了，人的模樣也變了。

這件事說起來理所當然。

但我在那時才第一次發現這理所當然的道理。

時代和人都在變化，我們的營業方式卻還跟以前一模一樣。

顧客遠離之後，我們在店裡採用流行的設計和時尚，看似在迎合時代。

結果還是沒能跟上時代，顧客仍舊離開了。

我們發現自己的所作所為，都是在重複失敗。

於是我們轉而注意到失去經營宗旨這件事。

經營宗旨在於向顧客傳達『開朗、朝氣而健壯』的訊息，這是哥哥創辦金太郎時奠定的方針。

忘記這一點，只顧著追逐時代的潮流，最後就搞不清狀況。

我們這才發現，過往所做的努力，就是這麼回事。」

增子和雄喘了口氣，拿起放在眼前的茶杯，將茶水一飲而盡。

椿董也模仿對方的舉動，拿起放在眼前的茶杯。杯子還有點溫。

「就是因為這樣，所以這次想拜託貴公司設計西八王子南口店的招牌，呈現出金太郎這家店創辦的原點。唔，我們就是這樣想的。」

「結果問題在這裡啊。」

小山雅明說。

「什麼？」

椿董答道。

「換句話說，經營店鋪最重要的是，要以人人都能憑直覺了解的形式，明確呈現這家店站在什麼樣的觀點，為誰服務。」

「是的，您之前也提過這項觀念。」

「重要的事情就該重複好幾次，妳別老是插嘴。」

「真對不起。」

「BOOKOFF從創業以來，自始至終都站在顧客的眼光經營店鋪。站在顧客的眼光這句話說來簡單，實際執行卻需要龐大的勞力。」

「勞力嗎？」
「是的，就是勞力。妳知道要實行站在顧客眼光的營業方式時，最需要的是什麼嗎？」
「是什麼呢……是工作規則嗎？」
「是人才。」
「素質優異的職員。」
「沒錯。除了正式員工外，兼職店員的素質也要優異。BOOKOFF 為了培養素質優異的職員，不斷充實公司內部的教育訓練系統。
因此，無論店鋪的數量增加多少，經營宗旨也絕不會動搖。而以這種方式持續『站在顧客的眼光經營店鋪』，就成了 BOOKOFF 這家企業的牌標。」
「牌標？我第一次聽到這個詞。」
「嗯，這是我剛剛創造的詞彙。不是有個詞叫作地標嗎？」
「就是這塊土地上能當作標誌的建築物，或是能展現土地性格的場所，對吧？」
「沒錯。同樣的，能夠呈現企業特徵和性格的經營理念，就叫作牌標。」
「……說什麼叫作，這不是社長剛剛想出的詞彙嗎？」
「那有什麼關係，語言要常常力求革新。」
「雖然我不明白，但還是請您繼續說下去。」

「BOOKOFF的牌標是站在顧客的眼光經營店鋪。那金太郎的牌標是什麼？」

「……是開朗、朝氣而健壯嗎？」

「對呀。」

「哦。」

「客戶說他想回歸原點對吧？」

「一點也沒錯。」

「原點是什麼？」

「就是創業當時的店，不是嗎？」

「不是。」

「不是啊？」

「街道在變化，時代在變化，卻只有店面一如往昔，這是不可能的事。這一點妳在Copain的案子中就學到了吧？」

「是的。」

「街道和時代改變，就代表人和人流會變化。換句話說，嗜好和興趣也會變。」

「原來如此。」

「然而，唯一不變的只有一件事。無論在什麼時代，經營店鋪都要以顧客的觀點出發。

剛才BOOKOFF的故事當中，我提到『高價收購書本』是站在店家的視點，而『敬請拋售書本』則是站在顧客的視點。」

「是的，我還記得。」

「當我們在思考集客招牌如何促進顧客前往店鋪時，絕不能忘了三個視點。」

「三個視點？」

「首先是店鋪的視點。這是店鋪單方面告知顧客的訊息。由於是以身為店家的『我』向顧客傳達，所以就取這層意思，叫作第一人稱。」

「第一人稱是嗎。」

「第二個視點是向第二人稱的『你』傳達的訊息。所謂的『你』指的是誰呢？」

椿菫感到納悶。

「我覺得應該是顧客，但又似乎不像。」

「就是顧客。」

「啊，是這樣嗎？」

「就是這樣。」

小山偷笑道。

「來店光顧的『你』，指的就是實際走到店鋪的顧客，叫作第二人稱。也就是消費者。」

「嗯。」

「而集客招牌的重點則在於第三人稱，也就是『他、她、他們和她們』。」

「我知道，就是路人對吧。」

「答得好。」

「原來如此，真是簡單易懂。換句話說，製作普通的招牌時，會只圖店家的方便及堅持去構思設計，無論如何都會變成第一人稱的視點。他們多半沒想到要像BOOKOFF的『敬請拋售書本』一樣，從顧客的觀點呈現及設計招牌。這樣做是不對的。」

「招牌是將路人變成客人的工具對吧？」

「一點也沒錯。」

「既然如此，就必須從路人的觀點，

建構店面形象後的情況

好想將店面營造得寬敞而舒適啊～
第一人稱：經營者
哎呀～真舒服～這氣氛實在好悠閒，所以我才喜歡這家店啊。
第二人稱：顧客
消費者
第三人稱：路人
非消費者
哦！我竟然發現一家寬敞舒適的店！我就是在找這樣的地方。

也就是從第三人稱的眼光呈現招牌。」

「是的。」

「路人是潛在的顧客。換句話說，就是非消費者。非消費者指的是『應成為顧客，卻未成為者』（杜拉克）。這不單單是集客招牌的話題。妳在金太郎聽到的話，到頭來都會歸結到此。

金太郎的執行董事說要回歸原點。

這並非意味著要回到昔日的營業模式。

確實樹立牌標，同時進行第三人稱的營業方式，不就是要下定這樣的決心才行嗎？既然如此，妳該做的事情，就是思考如何用招牌展現出這一點。懂了嗎？」

一星期後。

椿董帶著設計方案，再次來到金太郎股份有限公司的總部辦公室。

執行董事增子和雄就如前幾天一樣，在辦公室裡等著椿董。

椿董匆匆寒暄幾句後，就將資料攤在桌上，進行說明。

「前幾天面談結束後，我實際去看了八王子市內的分店。」

「是嗎？辛苦妳了。」

增子和雄笑嘻嘻地勸她喝茶。

椿董微微點頭，繼續說下去。

「周圍的餐飲店很多，感覺就像是居酒屋的激戰區。

我也能理解，儘管金太郎是八王子市的老字號，但臨近的地方還有全國連鎖居酒屋，競爭相當激烈。

儘管我馬上就發現店鋪的存在，卻總覺得哪裡怪怪的。

我立刻就發現，問題出在掛在店面的招牌。」

「招牌怪怪的？」

「是的。老實說，我就是覺得不對勁。

光從招牌來看，設計絕不算糟糕。

不，從品味的層次而言，質感相當高尚。

然而，看到招牌掛在店面的情況後，該怎麼說呢，卻讓我感受到寂寞的氣氛。

店鋪格局和招牌的好品味並不協調。

招牌中，用黑墨寫在白底上的字體又稱為遊書體對吧？

以書法般格調高尚的文字大大揮灑出『金太郎』的字樣。

店名前方則將『備長炭』寫在紅底的帶狀圖案上，標明店裡是用炭火來烹調。

這招牌很時髦。品味很高級。

不過，要是從招牌俯瞰店鋪的入口，就會覺得哪裡不對勁，讓人覺得怪怪的。

時髦的招牌和店裡實際的氣氛完全不合。

「時髦的招牌和店裡的氣氛不相稱啊。」

「這就是讓我覺得不對勁的真正原因。」

「原來如此。」

增子和雄點頭。

「我老早就覺得這怪怪的了。」

椿菫微微一笑。

「前幾天您告訴我，金太郎的經營理念就和童話金太郎的形象一樣，是開朗、朝氣而健壯的店。而店名也配合這項理念，取名為金太郎。

原本金太郎該保持『開朗、朝氣而健壯』的經營宗旨，但為什麼要用這種招牌呢？

當然，講究設計是好事。

不，這種堅持正是我所希望的。

但招牌並不是門牌，而是集客裝置。

既然如此，要是招牌的表現方式沒有明確展現出店家的性格、特徵及營業理念，就達不到針對路人訴求的效果。

因為招牌的展現方式忽視了這一點，即使設計的質感再高，也無法架構出店面形象，無法向路人和顧客正確傳遞資訊。

路人和顧客會判斷招牌、店門口及整家店的氣氛，決定是否進入店裡。

要是看到招牌的人，

懷著『這家雞肉串燒店能在摩登的氣氛下用餐嗎？』的印象進入店裡，

但店裡卻『開朗有朝氣』，與時尚感完全相反，是一家能夠輕鬆飲食的餐廳。

受到招牌的品味吸引而光臨的人當然會失望。

反之亦然。

『我想輕鬆吃到美味的雞肉串燒，但掛著這種招牌的店，好像跟自己的期望不同。』

相信也有抱著這種想法而離開店裡的顧客吧。」

「的確。」

增子和雄頻頻點頭。

「就是這樣。」

「因此，」椿董拿出招牌改裝方案：

「我想出了這些改善要點：

①配合店面的營業理念進行設計。
②不採用具藝術感的設計。
③統一使用不會被周圍景觀掩蓋的顏色。
④全面活用金太郎的形象人物。

招牌設計會透露店鋪的風貌，一定要以簡單的方式傳達店面的魅力。無論設計再怎麼時髦，但若不能向路人發出訴求、傳達店面理念，就不是集客招牌。集客招牌能將路人變成客人，必須誘導路人的心理。

『金太郎』的店名展現出營業理念本身，配合店名製作形象人物，站在對路人的訴求效果而言，這是相當有效的手段……」

「換句話說，最重要的是以簡單的方式向路人傳達基本訴求，也就是金太郎這家雞肉串燒店從創業時起的理念——開朗、朝氣而健壯。」

「是的。」

椿菫露出笑容，點頭道。

「愈能常保興隆的店，就愈會明確塑造品牌策略以挑選顧客。這就是店面形象。

這家店要提供什麼服務，想用什麼方式讓顧客體驗這種服務，當我們經常思考這些問題的同時，還要精確地打造店面，只吸引目標對象的顧客前來，並運用招牌或其他媒體，時時向路人發出訊息。

其中蘊含了這樣的觀念。

人人都能光顧的店，到頭來會落得無人光顧的下場。

這是敝公司的小山經常掛在嘴邊的話。我們以這句話為基礎，提出集客招牌的案子，促使顧客前往客戶的店鋪。

清楚決定目標，確實根據目標塑造店面理念，運用集客招牌對外傳播理念，這就是我的工作。」

金太郎炭火雞肉串燒主要在東京都八

TOM'S BAR

招牌必須明確呈現店面理念，招攬店鋪歡迎的顧客。

案例照片上的酒吧並非單純的酒吧，而是靠老闆的膽識在經營。老闆期盼有玩心的顧客前來光臨，共同成就這家店。

於是我們就以一個商標製作招牌，替老闆的想法代言。原本以為招牌上的插圖是貓咪，仔細一看，插圖就會直接化為文字，變成店名。路人在看到招牌而發現其玩心的同時，就會對這家店產生興趣。

P13參照

王子市拓展連鎖事業。該店全面變更招牌，簡化到人人都能明白其經營理念。

該店不顧震災的影響而改裝招牌後，銷售額比前年上升了一一〇・六%。增子和雄心想，儘管增加的量不多，但以小小的前進走長遠的路，這就是金太郎的做法。

別硬性追隨潮流，別忘記原點，隨時提供便宜又美味的炭火雞肉串燒……

他希望能銘記這些理念，一點一滴地成長下去。

第5章

熱門地點的美味拉麵店為什麼乏人問津？

北方大草原
東京都港區赤坂3-14-1
洲際赤坂大樓1樓

「好想吃拉麵啊。」

小山雅明喃喃道。

辦公室裡，空著的桌子格外醒目。

不在座位的員工各自外出辦業務，像是與客戶磋商，親臨現場監督施工，與貿易商洽談，或是在製造工廠進行加工作業等。

即使如此，還是有將近十名職員在辦公室裡工作。

對著電腦編寫文件的施工管理者。

蒐集資料的業務助理。

在會議桌上洽談的業務員和設計師。

接電話的新進員工。

每個人都忙著處理各自的工作。

中午十二點半後的總公司二樓辦公室。

小山悠閒地在房間裡繞了一圈，看著社員專心工作的模樣，滿足地點了點頭。

但當他進房間打招呼，說聲「辛苦了」之後，卻沒有一個人理會小山，讓他有點難過。

「已經中午了，去吃頓飯吧？」

他朝面向電腦的員工出聲道。

「不，我要先做完這個再吃。」
被叫到的員工看了一下小山的臉，這麼說道。
「各位辛苦了！」
椿堇剛好走了進來。
「啊，辛苦了。」
她看到小山無所事事地站在辦公室的正中央，天真地笑了。
「社長，您可以去之前感到好奇的那家拉麵店喔。我剛剛才吃過。」
小山聽了這話後，低聲說：
「是嗎，可以去那家拉麵店啊……」
然後，他就默默地走出辦公室。
「社長怎麼了？」
椿堇驚訝地目送走出室外的小山。
「他想找個人一起去吃飯，好像是想吃拉麵的樣子。」
被問到的員工竊笑著。
「椿小姐真魯莽，回來時說什麼拉麵好好吃，搞得社長鬧起彆扭了。」
「唉……」

椿董嘆了一口氣。

「社長還真像個小孩子。」

「您在叫我嗎？」

椿董才剛走進去，小山就張腿站在房間深處的辦公桌前，雙手扠腰大喊：

「拉麵啦，小椿！」

椿董輕輕關上房門，說：

「拉麵啊，我明白了。但我剛剛才吃過東西，還是請社長一個人去吧。」

「誰說我想去吃拉麵的？」

「難道不是嗎？」

「我在說妳這次的案子。」

「喔……是的。您在說『北方大草原』嗎？」

「事情怎麼樣了！」

「社長。」

椿董對一反常態、氣焰高張的小山說：

「我們先去吃東西吧。同樣由我作陪。」

「妳不是才吃過嗎？沒必要勉強陪我。」

「不，請容我跟社長同行。」

然後她低聲道，要是社長不趕緊吃點東西轉換心情，那可就糟了。

這家店位在離地下鐵赤坂站徒步約五分鐘的地方。

街角周圍餐飲店林立，隔著馬路有一家電視台，是赤坂的地標。

這可是一等地。

從大街進入一條通道後，就會看見店鋪位在街角。

這是塊角地。

平日的十二點三十分。

椿菫硬是看準尖峰時段，來到赤坂的北海道味噌拉麵店北方大草原。

公司受託幫該店改裝招牌，椿菫在小山的指示下負責這件案子。

午餐時分，街上滿滿都是上班族和ＯＬ。

街道洋溢著活力，意圖以精心設計的午餐菜單，促使他們這些難以決定今天午餐吃什麼的人大駕光臨。

椿菫與小山看到北方大草原了。

這家店在周圍熱鬧的店鋪當中，獨獨飄散出靜謐空間的氣氛。
不，這不是靜謐。走向北方大草原的人流並不多。
他們站在店鋪前偷看店裡的情況。
在午餐時分的赤坂，這樣的顧客人數明顯不多。

＊＊＊

「聽好了，小椿。」
就在公司附近的拉麵店裡，小山雅明已喝光了醬油拉麵的湯汁，而椿堇則撐著肚子，將今天的第二頓午餐味噌拉麵送進嘴裡。
這時他對她說：
「這家店以拉麵店而言確實中規中矩。味道也不壞，價格又實惠。但妳不覺得在招攬顧客方面還差強人意嗎？」
「社長！」
椿堇用食指抵住嘴唇。
「您聲音太大了。」

接著，她就偷偷張望四周。

店裡的人數約有八成。

平日的中午。

店員從櫃台檯端來客人點的拉麵，送到座位上。

「他們不會聽見的。話說回來，這家店的拉麵確實不壞。但為什麼沒能吸引到這麼多的客人，妳曉得嗎？」

椿菫再次環視店裡。

「呃……因為沒什麼人知道吧？」

「是不知道店鋪，還是不知道拉麵的味道呢？」

「大概兩個都有吧。」

「嗯，這也是原因之一。但還有決定性的要素。」

「是什麼？」

「妳吃的是什麼拉麵？」

「味噌拉麵。」

「我吃了醬油拉麵。」

「哦。」

「看看店裡，有人點醬油豚骨拉麵，有人點鹽味拉麵，還有人點味道濃郁的豚骨拉麵。此外菜單裡還有什麼湯麵、擔擔麵之類的香港拉麵。妳對這件事有什麼看法？」

「說的也是。這會讓人懷疑，選擇很多真的是件好事嗎？」

「因為能在這家店裡點到各種拉麵，用餐會很方便。」

「是的。一家店能吃到各種拉麵，是很方便。」

「真的是這樣嗎？」

小山雅明靠在椅背上。

「能在這裡吃到各種拉麵，就表示店家想要將對拉麵喜好各異的人變成顧客嗎？」

「我認為是這樣。」

「人人都能輕鬆吃到拉麵的店，就是該店的理念。」

「是的。」

「妳看看店裡。」

「顧客人數很少呢。」

「準備好的菜單明明這麼豐富，究竟是怎麼回事？」

「再說味道也不壞，為什麼會這樣？」

小山輕輕一笑，抓起帳單。

「為什麼呢？妳這次的任務就是要思考北方大草原的招牌改裝計畫。我一看就覺得北方大草原與這家店有共同的癥結點。要是能找出原因何在，妳的任務就會成功。」

＊＊＊

椿堇在距離北方大草原稍微遠一點的地方，觀看周圍的人流。

想吃午餐的顧客很多，人群絡繹不絕地隱沒在林立的餐飲店。

她再次看了看北方大草原的店鋪格局，似乎散發出陳舊的印象。

紅色的招牌也不能說是不顯眼，但看了招牌之後，卻只會知道「北海道拉麵」，而不知道那是什麼樣的拉麵。不僅如此，以紅色的招牌襯托「北海道拉麵」的字樣，會讓路人覺得這像是某個地方的全國連鎖店。

這是個人自營的店面。

但看不出來。

人流不絕。但椿堇觀察的短短二十分鐘內，進去北方大草原的顧客只有三個。

有些路人會停步在店門口，但只停下來看看菜單後，就離開現場了。

小山的話閃過腦海。

「店鋪做了各種努力想要招攬顧客，然而努力的方向幾乎都錯了。」

接著他還這樣說：

「要是意圖增加顧客而擴大經營的範圍，就會連帶降低顧客的素質，離開的客人也會變多。」

椿菫思考小山說的話，同時走向地下鐵。

椿菫從地下鐵四谷三丁目站下車，朝片町方向走過去。

儘管蟲鳴聲讓人聯想到秋天，酷暑卻依舊逼人，午後的烈日毫不留情地曝曬而來，椿菫才走不到五分鐘，就已經汗流浹背了。

沿著外苑東大街平順的彎道往下走，在靖國大街左轉，往曙橋方向行走片刻後，會出現一棟小型的住商混合大樓。六樓就是北方大草原的總部辦公室。

椿菫出了電梯，抵達該樓層的辦公室。

北方大草原的老闆高海正正在等她。

高海正是個表情溫和的高個子男人。

「哎呀，真不好意思。勞駕閣下專程趕到這種地方來。」

「別客氣。我才該感謝您願意撥出時間來洽談。」

椿堇在對方引導的座位旁恭敬地回禮後，再坐到椅子上。

「冒昧請教一下，關於赤坂店改裝招牌一案，我想聽聽高海正先生的期望。」

「說的也是。」

隔桌而坐的高海正正感到納悶。

「從赤坂店開張起過了四年左右，顧客增加的數量卻還是不多。當然，這家分店還沒到赤字的地步，但老實說，也沒有獲利。該說是收支相抵嗎？總之，這樣的狀態持續了四年，甚至還有人說，要是沒出現利潤的話，是不是該關掉赤坂店。」

「你們考慮要關店嗎？」

「確實也有人這麼說，但實際上持反對意見者卻在員工中占多數。他們認為既然沒有赤字，那就該稍微再加把勁。」

「是嗎？說真的，我來這裡之前，曾經看過赤坂店的情況。」

「怎麼樣？」

「的確，雖然是中午，光顧的客人卻不夠多。」

「唔……」

「我在能看見店鋪的地方觀察路人的流動。儘管從地段上來看，都不會有比這更好的地方，但赤坂店卻不知怎的並不醒目。

當然，紅色的招牌很顯眼。

然而人們卻走過店門口，就像沒看到似的。

這是為什麼呢？我思考了一下，覺得原因多半出在招牌上。

不，八成是招牌入不了過路人的眼，即使看見了，也激不起想進去店裡的念頭。」

「招牌……」

高海正交叉手臂。

「赤坂店顧客數量沒增加的原因在於招牌，是嗎？」

「是的，我看到的就是這樣。」

「換掉招牌後就會增加集客人數嗎？」

「製作真正的集客招牌後，集客人數八成就會改變。當然，這就是增加的意思。」

椿董微微一笑。

「不過，具體的計畫還是要聽完高海正先生的故事後才能製作。現在我能告訴您的是，為什麼目前的赤坂店入不了路人的眼，引不起他們的興趣。」

「妳能具體說明嗎？」

高海正驚訝地說。

「當然。」

椿董大幅點頭。

「在這之前，就由我來簡單說明集客招牌是什麼。」

高點點頭，挺直背脊。

「簡單來說，集客招牌就是將路人變成客人的招牌。為了將走在街上的不特定多數路人，變成特定店鋪的顧客，就必須了解路人的心理和感性。

招牌大致上只會依店鋪的想法和情況製作，而不會思考路人看了有什麼感覺、有什麼反應，站在路人的眼光呈現。

集客招牌有一套基本理論，能有效招攬路人變成客人，我們稱之為**三階段機率論**。

所謂的三階段機率論，就是：

①讓路人發現店鋪（的招牌）。

②讓路人從店鋪（的招牌）中感受到魅力。

③（招牌）以自然的方式誘導路人走進店鋪裡。

提高這三階段的機率後，集客人數就會急遽上升。

這幾個階段分別叫作**發現機率**、**魅力機率**和**顧客上門機率**。

言歸正傳，當我看到赤坂店時，我馬上就發現，即使發現機率從店鋪的地段來看並不差，但問題卻出在**只有店鋪很容易被發現**。

具體來說，路人發現招牌的意義，就在於可以瞬間理解這是什麼樣的店，以及該店會提供什麼服務。然而以赤坂店的情況來看，儘管路人能明白北方大草原的商號和北海道拉麵的業務型態，但卻完全沒有展示服務的內容，而無法具體得知進入店裡能吃到什麼樣的美味拉麵。

這麼一來，就算路人確實將目光停留在北方大草原這家拉麵店，也會直接走過去，而不會因此停步，覺得有股衝動想走進店裡。

其實在我觀察的期間，許多路人會仰望北方大草原的招牌。但就如同我剛剛所說的，他們就只是仰望招牌而已（也就是僅止於發現），接著就直接走過去了。

這就能證明招牌並不具備真正意義上的『發現機率』。」

「普通的路人就這麼不容易看見招牌嗎？從招牌上甚至連店裡進行什麼服務都看得出來啊，真令人不敢相信。」

「比方說，請高海正先生試著想像一條您不太熟悉的街道。」

「好的。」

「您想在那條街上吃晚餐。」

「晚餐對吧。」
「高海正先生第一步會怎麼做？」
「這個嘛。」
高海正想了一下，答道：
「我會先從現在所在的地點，設法在看得見的範圍內尋找餐廳。」
「要是沒有呢？」
「我會先走到別處，邊走邊找。」
「這時您會靠什麼標誌來找餐廳？」
「……哦，原來如此。招牌確實是個大標誌！」
「您會以招牌為標誌尋找餐廳，那您會看招牌的什麼地方選擇店家？」
「我會看這是什麼樣的店，提供什麼料理的店，是哪種等級的店……應該是這樣吧……」
原來如此，我明白椿小姐想說的意思了。路人看到招牌時，的確會把這作為判斷的材料，猜測這是什麼樣的店，會提供什麼服務……」
「就是這樣。然而一旦自行經營店鋪，想要展示招牌時，許多老闆就會忘記路人角度的視點。所以即使路人看了招牌，也往往完全傳達不到心底。」
「赤坂店也是如此嗎？」

「很可惜，就是如此。」

「唔……」

高海正交叉手臂，百思不解。

「妳還發現到其他問題嗎？」

椿董稍微笑了一下。

「由於無法從店門口得知北方大草原推出的拉麵有什麼特徵，因此許多人會猶豫是否要進去店裡。

這就是『魅力機率』的問題了。要是路人看了招牌和店門口的氛圍，而這些東西沒有清楚將店裡提供的料理和服務傳達給觀者時，那麼大部分人都感受不到那家店的魅力，而直接走過去。

從人類的心理來看，當一個人必須在短時間內從多個選項中選擇一個時，其行動通常會趨近於能具體想像的方案。

所以店鋪必須運用招牌，以讓顧客在瞬間留下印象的方式，呈現店裡提供的服務和菜單。您必須要認知到這一點。

另外，現在赤坂店的招牌會讓人聯想到全國連鎖店。原因就在於色調、字體，以及只標示出店名。

連鎖店＝穩定的味道＝整齊劃一的味道，是一般人對連鎖店的印象，但正是其優點。而像北方大草原這種主張特色美味的店鋪，要是被路人視為連鎖店，做起生意就會非常不利。

再者，這種招牌乍看之下會讓人覺得陳舊。

現況是招牌讓人覺得陳舊，給人連鎖店的印象，完全無法表現出店裡會推出什麼樣的菜單、是提供什麼服務的店。從集客招牌的觀點來說，需要改善的地方相當多。」

「我真喜歡拉麵！」

椿堇才剛踏進社長室，就這麼公然說道。

「怎麼突然提到這個？」

小山雅明一臉吃驚。

「哎呀，我似乎知道前幾天社長出的功課的答案了。」

「功課？」

小山訝異地看著椿堇。

「我給妳出過這樣的功課嗎？」

「您不是在吃拉麵時說過這件事嗎？」

「什麼？」

「既然這家店能夠滿足味道和價格，為什麼顧客不光顧？只要知道這一點，也就可以解決北方大草原的案子了。」

「喔，喔喔！是那件事啊。唔，我記得的確出過這樣的功課。」

小山點點頭。

「那妳知道答案了嗎？」

「大概吧。其實今天我跟北方大草原的人面談過了。當時老闆高海正先生大嘆：

『我們店裡的拉麵用的是與味噌店共同開發的，特別的烤味噌。風味既豐富，味道也香醇，以滋味獨一無二的味噌拉麵而自負，卻無法順利滲透到顧客的心裡。』

然而，我看了赤坂店的招牌後，卻發現招牌的任何一處都沒有出現相關標示，能讓人聯想到用烤味噌烹調的特色拉麵。當我指出這一點後，高海正先生說：

『赤坂是通行量大的地方，能招攬到店裡的顧客也很多。每個人對拉麵口味的喜好不同，所以我們認為，要是將使用烤味噌的味噌拉麵拿到檯面上，喜歡其他口味的顧客就不會光顧了，因此不敢大張旗鼓地放在檯面上。其實我們還有味噌拉麵以外的菜色，為了輕鬆招攬到許多顧客，才不敢拿出特殊口味。』

這番話讓我恍然大悟。

哎呀，前幾天社長在拉麵店說的話就是這個意思嗎？

『擴大經營的範圍後，顧客數量並不會增加。有時喜歡該店特別服務的人還會因此而離開。要是想讓人人都進來店裡而拓展事業版圖，反而有可能變成無人光顧的店。』

我發現北方大草原就和這番話說的一樣。同時還明白了，前幾天去的拉麵店菜色繁多，反而變成難以讓顧客光顧的主要因素。」

小山一臉呆愣地聽椿堇侃侃而談。

「妳想得還真是深入。」

他感慨地開口道。

「妳以前看事情時都墨守成規，現在卻能思考得很透徹，我很開心。」

「謝謝您的讚美。」

椿堇咳了一聲，這樣說道：

「路人的確是潛在的顧客，但將全部的路人都當作顧客，這實質上是不可能的。其實我今天才發現這一點。」

「這是常見的陷阱。

集客招牌確實是將路人變客人的集客裝置，卻不能將所有人都變成顧客。人的興趣嗜好各有不同，這道理再明顯不過了。

但我們也往往會企圖將所有路人都變成客人，最後做出可有可無的半吊子招牌。

必須當心這一點。

要是把所有人都當作顧客，就沒有人會成為顧客。

電視節目也是如此。

電視台絕對做不出讓所有觀眾喝采的節目。

有人看了開心，就會有其他人心懷不滿。

這是當然的。

就因為硬要讓所有觀眾接受，反倒讓節目變得無聊。

最大公約數其實並沒有意義。」

椿董重重地點頭。

「是的，我記住了。今天真讓我大開眼界。

這讓我明白，既然做不出讓所有人滿意、通通變成顧客的招牌，就該明確展現出店面理念、特徵及商品的方向，只讓有同感的人變成顧客，最後才能打造出熱門名店。」

小山開心地點頭。

椿董後來以猛烈的氣勢製作提案，與設計師洽談，再修正計畫，反覆模擬。

擬定的招牌改裝方案如下：

①把該店的推薦商品「飄香味噌拉麵」放在檯面上

現有招牌完全沒在店門口告知該店的推薦商品。因此，招牌本身不放店名，而是表明「飄香味噌拉麵」使用該店自豪的烤味噌。

人們常犯的錯誤是將店名大幅展示在招牌上。

但人們感興趣的不是店名，而是業務型態，也就是「這家店會提供什麼」。

因此，要將推薦商品「飄香味噌拉麵」變成招牌，讓人一眼就看出業務型態。

②招牌的底色要呈現店面的理念

這家店的理念是「北海道大草原上的一家店，提供頑固老爹親手烹調的特殊味噌拉麵」。

為了將理念具象化，帶給路人強烈的印象，招牌的底色以暖色系的電燈色弄出漸層，營造出木紋般的氣氛。而店名和招牌的底色，則是要能帶給觀看者「大草原上的一家店」之印象。

③大幅刊載強烈煽動購買欲的照片

現代人會大感興趣的是圖像資訊，而非文字資訊。

與其用文字將「飄香味噌拉麵」印在店門口，不如貼出可口的味噌拉麵照片，抓住路人的心。

因此，店門口的兩片掛布要全面更換，刊登熱氣蒸騰的「飄香味噌拉麵」照片。

當然，這張照片要負責刺激路人（在想像中）的味覺中樞，但其任務卻不止於此，還要用一張照片讓路人憑感覺就知道北方大草原是什麼樣的店，店裡提供什麼商品。

④以字體呈現「特別感」

我們要以特別的字體呈現店面的理念之一——「頑固老爹烹調的特殊味噌拉麵」。

現行的招牌字體使用一般的楷書體，從這種字體中獲得的印象，絕對會讓人聯想到連鎖店的其中一家分店。

因此，改造時要採用手寫風的字體，強調這是獨一無二的店、獨一無二的商品。

參照第16～17頁

高海正看到椿董帶來的計畫書，以及運用實際照片合成的模擬圖後，大大地舒了一口氣。

「原來如此。形象改變真大。」

「是的。」

與上次洽談時坐在同一個位子的椿堇和顏悅色地回答。

「所有要改善的地方都是從路人的視點思考後的結果，而化為這樣的招牌設計。我想這或許會合您的意吧。」

「嗯，沒錯。我很滿意。可以請教一個問題嗎？」

「好的，請說。」

「妳能不能具體說明為什麼要設計成這樣？前幾天椿小姐提到了三階段機率論，我想知道這是怎麼安排在計畫裡的。」

椿堇露出無與倫比的笑臉，開始說道：

「赤坂店位在一等地，餐飲店就林立在周圍。後面緊鄰電視台及其經營的社區土地，洶湧的人流也無可挑剔。

儘管如此，為什麼顧客會離開呢？

美味的評價並沒有下跌。

貴店的名菜飄香味噌拉麵，在拉麵通之間依然獲得高度的評價。

理由很單純。最大的原因就是初次光臨的新顧客減少了。

換句話說，令人遺憾的是，貴店沒能針對行走在周圍的人，以貴店自豪商品的魅力為訴求。

店鋪位在角地，路人『發現』的機率非常高。

但新增來客卻在減少。

原因應該很明顯。

只要看店鋪的招牌就會明白。

我前幾天也曾直言提及，店門口的模樣乍看之下，會讓人誤以為這是哪裡來的連鎖店。

儘管以紅底白字寫出店名，但從招牌上的資訊來看，縱然知道店裡提供北海道的拉麵，卻完全不知道這是什麼拉麵、會呈現哪種特色。

掛在店門口的兩片掛布也是如此。

用綠色在黃底掛布上畫出北海道地圖，藉此呈現店名『大草原』的形象。

遺憾的是，這卻讓人覺得過時和庸俗（真對不起）。

要是還沒在該店吃過拉麵的路人看到店門口的氣氛，不就會將它想像成滋味平庸的便宜拉麵嗎？

至少路人感受不到迷人的氣氛，讓他們想特地在赤坂這條街上吃這種料理。

然而，北方大草原的推薦商品飄香味噌拉麵，就如先前所述，評價非常高。

儘管如此，這項資訊卻沒有清楚地呈現在招牌和店門口，以致許多人會猶豫該不該進去。

人們會觀察招牌和店門口的氛圍和氣息，來決定要不要光顧。

若以別的說法形容，就是人們只會從外觀來判斷一家店的好壞，並在無意識間檢視這家店是否對自己有意義，會不會白白浪費時間和金錢。

招牌並不是對路人展示店名的門牌。

招牌得成為將路人變成客人的集客裝置。因此必須對外傳達店鋪對其銷售方式、特徵及服務的觀念。

換句話說，就是建立店面形象。

制定北方大草原赤坂店的招牌改裝計畫時，最費苦心的地方，是如何用簡單的表現手法與設計做出招牌標誌，呈現店鋪的銷售方式、特徵及服務。

就算招牌菜單再怎麼美味，要是沒讓顧客吃到，就完全沒有意義了。

所以才希望盡量吸引許多客人光臨。

這次我帶來的方案就是從這種觀念衍生出來的。

計畫的重點如下：

①讓路人能在瞬間了解北方大草原提供的商品＝提高發現機率。

②飄香味噌拉麵使用店鋪特有的烤味噌，藉由挑動消費欲望的照片呈現出來，訴諸路人觀看後的感性＝提高魅力機率。

③以兩片巨大的掛布呈現出「大草原的山中小屋」，讓來到店門口的路人想直接走進店裡＝提高顧客上門機率。

三階段機率論的各種要素全都囊括在其中。

椿董歇口氣後，繼續說道：

「重要的是光明正大提出店面理念，由店家選擇理念合拍的顧客。將喜歡拉麵的人都變成顧客，這既不可能也不現實。人的嗜好各異，無法推出任誰都能產生共鳴的拉麵。既然如此，重點就在於好好提出店面的理念，對想來到店裡的顧客明確提出訴求。集客招牌的意義並不在於讓所有人都變成顧客。」

北方大草原
以A型立式活動招牌（從側面看形狀很像A字）展示的菜單。
推薦商品印在左上方，是人類視線最先朝向的位置。選擇直書是因為比橫書更具說服力。

而是依照店面理念和店面形象，只將顧客，也就是與店家有共鳴的路人變成客人。

換個說法來形容，這就叫作擇客品牌策略。

長期保持生意興隆的店，每一處都是基於擇客品牌策略來打造。我希望北方大草原在經營時，也務必要選擇顧客，而非討好顧客。

招牌要堂堂正正地對外宣告店面的理念。

北方大草原的味噌拉麵，使用的是美味而香噴噴的獨特味噌。

要用招牌在檯面上推薦這項商品，讓只想吃味噌拉麵的人來到店裡。」

「原來如此。」

經營範圍擴大不等於提高集客力

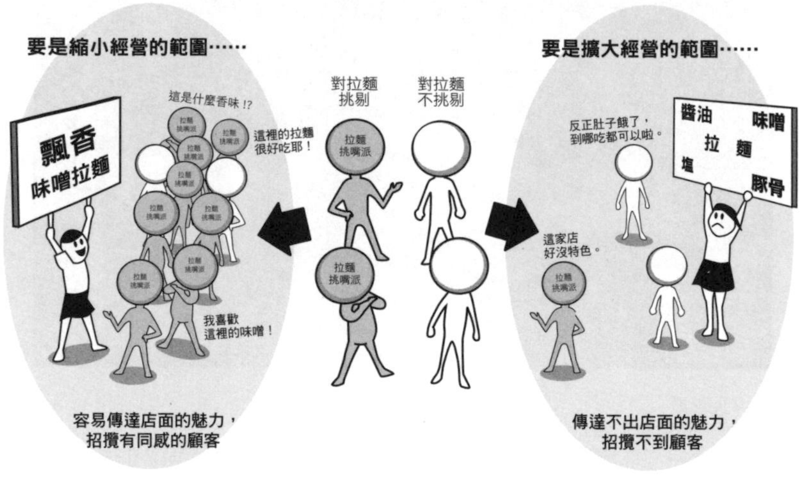
要是縮小經營的範圍……
飄香
味噌拉麵
這是什麼香味!?
這裡的拉麵很好吃耶！
我喜歡這裡的味噌！
容易傳達店面的魅力，招攬有同感的顧客
對拉麵挑剔
對拉麵不挑剔
拉麵挑嘴派
要是擴大經營的範圍……
醬油
味噌
拉
麵
鹽
豚骨
反正肚子餓了，到哪吃都可以啦。
這家店好沒特色。
傳達不出店面的魅力，招攬不到顧客

高海正用力點頭。

「但老實說我還是有個疑問。只賣一種商品真的沒關係嗎？」

「這是疑問嗎？」

「不，正確來說是不安吧。」

「什麼樣的不安？」

「喜歡拉麵的顧客眾多。換句話說，目標客層應該很廣。所以才會產生醬油、味噌、鹽味及其他各式各樣的拉麵，而顧客會配合喜好來吃拉麵。

假如由一家店提供種類多樣化的拉麵，就能吸引所有喜歡拉麵的人。

拉麵市場這塊餅很大。既然是大餅，照理來說從中產生的利潤也會變大。

所以敝店才想以種類繁多的味噌拉麵把餅做大。

然而椿小姐的提案卻是要做個招牌，單單主打飄香味噌拉麵。」

「這是為了藉由對外宣傳頂級推薦商品，將店鋪的魅力傳達到極限……」

「我當然明白。」

高海正以笑容打斷椿菫的話。

「椿小姐想說的我全都明白，都能理解。但我還是不放心。這樣真的沒問題嗎？

過去擷取的目標客層廣泛，卻突然要縮小範圍。就算理智上可以明白，心裡還是會毛毛的……」

一個月後，招牌改裝工程就結束了。

招牌就和椿菫提出的方案一樣。

即使高海正感到不安，但他認為這樣下去，什麼也不會改變，於是便選擇強力促銷頂級推薦商品的路線。

而北方大草原赤坂店在改裝招牌後，顧客人數就激增了。

比前年上升一二〇%的數字清楚呈現在結果上。

現在這家店在拉麵愛好者之間變得十分出名，還經常被刊登在雜誌及其他媒體的拉麵特輯上。

第6章

故意讓人看不見招牌的牙科醫院

辻村牙科醫院
神奈川縣伊勢原市小稻葉2204-1

「我已經跟辻村牙科約好洽談的時間了。」

椿菫講到這裡時，眉頭就皺成一團，緊緊抿起嘴唇。

小山雅明見狀，輕笑了一聲。

「小椿，妳牙齒在痛嗎？」

「沒有。」

椿菫睜大眼睛回答。

「您在說什麼啊？我只不過是開心能跟辻村牙科約到時間，忍不住用力咬下去而已……」

她說完這話的同時再次閉上眼睛，眉頭皺了起來。

椿菫確實像小山說的一樣，牙齒在痛。

她的牙齒從昨晚就在抽痛。今天早上洗臉時，劇痛突然在口中蔓延。儘管已用止痛劑企圖抑制疼痛，嘴裡卻苦得要命，劇痛時常一陣陣地遊走。

「改裝辻村牙科的招牌前，得先治好妳的牙齒才行。」

椿菫看到小山在微笑，似乎很開心的樣子。

她從以前就覺得，小山看到別人痛苦的模樣時，似乎都會浮現開心的表情。

儘管椿菫心裡這麼想，但她當然不會將這種事情講出來。她半閉眼眸含淚道：

「預約的時間在今天下午。實在很抱歉，我下午想離開公司兩小時。」

「今天下午？當然可以。覺得痛就快點去吧。」

「我希望貴公司製作的招牌，能讓路人及想做一般牙齒治療的患者看不見，只有對我們醫院的診療方針感興趣而有共鳴的患者，才能清楚看見。」

椿菫聽到辻村牙科的院長辻村傑這麼說完後，不禁目瞪口呆。

「呃……您是說……路人看不見的招牌嗎？」

「沒錯，想做一般牙齒治療的患者也包含在內。」

「也就是說……要做出路人和一般患者看不見，只有對辻村牙科感興趣的人才能夠——呃——看得見的招牌。是這個意思嗎？」

「是的，我就是這麼說的。」

辻村傑的長臉上露出溫和的笑顏。

小山雅明給椿菫的最後一道「功課」，就是「辻村牙科」的招牌改裝案。

洽談當天。

她在小田急線伊勢原站下車。

搭計程車約十分鐘左右，便已來到辻村牙科。

該地周圍是農地廣袤的田園風景。神奈川縣伊勢原市的郊外。

兩層樓高的歐風建築從面向道路的地方綿延到盡頭。

道路旁的一樓鑲有大片玻璃，從灌木叢外能窺探裡頭的情況。

椿菫走進入口，告訴櫃台她和辻村傑院長有約。

不久，就有人帶她到二樓的院長室。

有位約莫三十五歲到四十多歲的男性起身迎接椿菫。

對方的眼神展露出精力充沛的神采與知性，教人印象深刻。

「我是辻村牙科的辻村。」

男子向椿菫打招呼。

椿菫也拿出名片自我介紹。

坐回椅子上的辻村院長說：

「以前我參加過小山社長的講習會，集客招牌和集患招牌的觀念讓人深銘在心。當時我聽到非常有意思的話題，原來招牌也要以科學的觀點加以掌握，進而巧妙誘導路人的心理。

我一直在想，等招牌需要改裝時，一定要請小山社長的公司幫忙，所以這次才決定拜託貴公司。」

「謝謝您的誇獎。」

椿堇拚命擠出笑臉，對講話時滿面微笑的辻村院長道謝。

「辻村院長這次想要什麼樣的招牌呢？」

「這個嘛……」

辻村院長說。

「我希望貴公司製作的招牌，能讓路人及想做一般牙齒治療的患者看不見，只有對我們醫院的診療方針感興趣而有共鳴的患者，才能清楚看見。」

辻村院長的話太令讓人意外，讓椿堇掩不住困惑。她問道：

「您要的不是增加新患者的招牌嗎？」

辻村院長的臉上仍舊掛著笑容說：

「醫院當然需要新的患者。

但我希望貴公司製作的招牌，只有想讓我們診療的患者和路人才能發現。」

接著他又說：

「假如閣下知道敝院的診療方針，或許就能明白原因了。」

椿堇稍微點了個頭。

「能請您告訴我嗎？」

辻村院長點頭後，就開始說道：

「首先，希望閣下可以記得，現在的辻村牙科是一家以自費的預防牙科為主的醫院，重心並不在保險給付的一般診療上。

換句話說，我們這家牙科醫院自費診療的比例很高。

自費診療保險不會給付，對患者的經濟負擔會比保險診療來得重。

我們醫院幾乎不做一般的牙科診療，像是消除牙痛及治療蛀牙等。

不，正確來說，我們會拒絕想來看一般牙科的患者，除非是急診病患。

當然，敝院會在好好說明這裡是什麼樣的醫院後，再介紹附近的牙科醫院給對方。

就算面對急診病患做應急處置，消除當下的疼痛和腫脹後，敝院也不接受下一次的約診。我們會說明醫院是以預防牙科為重心，並告訴對方：

『假如這是您希望的診療方式，就請您再重新預約一次。

總之，我們會先介紹別的牙醫，麻煩您移駕過去治療。』

接著再送患者出去。

唔，儘管現在經營醫院的做法確實是將預防牙科放到檯面上，但我的醫院也曾以保險診療為重心，進行所謂的一般診療。」

椿堇邊抄筆記，邊問：

「貴院是從什麼時候開始，轉成以預防診療為中心的？」

「是從二〇〇四年開始。」

「是有什麼原因嗎？」

「該說是原因嗎？當時醫院的情況一塌糊塗。沒錯，簡直就像野戰醫院一樣。醫護人員忙得要命，患者接二連三地過來，面對每一名患者，都無法精心看診。就算實在感到抱歉，無能為力的現實也讓人進退兩難。

我們也收急診病患，甚至還在假日看診。

之所以忙成這樣，是因為對患者來者不拒。

沒辦法。要是保險診療的患者人數達不到標準，不僅付不起員工的薪水，也無法維持醫院的營運。

愈是要達到一定的人數，醫院就愈忙，反而會在看診時馬虎懈怠。

不僅如此，我們還因為沒時間，而無暇學習嶄新的技術和知識。

為此我逐漸擔心起來。

擔心會忘掉當上牙醫時的志向。

我想透過牙科診療保護更多患者的牙齒，才往這條道路邁進。

牙齒是健康的第一步。保護牙齒就能保護患者的健康。

我想靠牙齒守護許多人的健康。

這是我以牙醫為目標時所立下的志向。

然而實際上，一旦開業之後，就必須收許多患者才能維持醫院的營運。

而收了許多患者後，更撥不出時間學習最新的治療法和嶄新的技術。

再怎麼說，靠保險進行的診療，也無非是削掉、拔除或填補壞牙。

唔，也就是單憑一般治療便解決了。

每天診斷數十個患者，卻記不得每顆牙齒的狀態，要看了病例後才想起來。

我的狀態就是如此。即使看診人數達到標準也是枉然，什麼也不剩。

首先，我無從得知自己所做的治療是否真的有效。

這是因為治療過一次的患者在解決牙痛後，就不會再來了。

即使牙痛復發，會來看診的人也依然不多。

要是上醫院治療後又痛起來，患者就會想去看別的牙醫，而不是原來那一位。這也是人之常情。

因此我完全不清楚自己治療的效果，因而感到不安。

另一個問題則在於，以醫院職員身分工作的口腔衛生師。

醫院愈忙碌，口腔衛生師就愈可能被迫擔任醫師的助手。但其實口腔衛生師並非牙醫助理，而是獨立而崇高的職業。顧名思義，就是保護患者口腔牙齒健康的衛生師。

不過，他們卻受限於一般診療，而必須屈就於助手的身分。

這對彼此來說，都是不幸的。其社會地位往往也更形低落。

這是當然的。外人只會將口腔衛生師視為牙科醫師的助手。

我認為口腔衛生師的存在，才能真正保護患者的牙齒。

牙科醫師會直接診療及修復患者的牙齒，但這終究只是對症下藥罷了。

但口腔衛生師卻要負責檢查患者牙齒的健康，防患未然。這就是預防診療。

敝院基於以上諸多理由，才會轉變成現在這樣的自費預防診療。

當然，醫院人員在制度轉變時，也曾反覆爭辯多次。

真的要中止保險診療嗎……

自費診療對患者經濟的負擔不會太大嗎……

然而，即使持續維持一般診療，也保護不了患者的牙齒健康……

只要透過預防牙科進行管理型診療，就能終生保護一名患者的健康……

這並不是要否定一般的牙科診療，而且是恰恰相反。

保險給付的一般牙科診療絕對有其必要。要是沒有牙醫能消除牙痛，適當地治療惡化的牙齒，那就麻煩了。

但另一方面，患者也同樣需要專門進行預防診療的牙科醫師，針對牙齒的健康問題防患未然。

這兩者的關係猶如汽車的方向盤和車輪，少了任何一個都會很麻煩……或許可以這樣比喻。

藉由預防診療管理牙齒的健康，藉由一般診療治療惡化的牙齒。

兩者相輔相成，從這一點著手，才有機會透過醫療根治人們的牙齒。

總之，最後我統一工作人員的意見，決定將牙科醫院的主要業務，改成藉由預防牙科進行自費診療。

問題在於如何告知患者，以往由保險給付的診療將變成自費。

我也曾經不安，擔心是否真能讓人信服。總之，我鄭重說明這樣做的理由，也獲得患者的認可。

保險診療並不負責保護患者的牙齒。與其治療惡化的牙齒，不如致力於預防牙齒惡化。從長遠的眼光來看，這樣做，治療費反而會比較便宜。要是您希望和以前一樣進行保險診療，我們會介紹別的牙醫……敝院毫不隱瞞地告訴患者這些事。

當時我們有一千名左右的患者，結果從我們醫院轉到別家醫院的患者，只有少數而已。

九九％的患者與我們的想法和決定有同感！」

辻村院長這時喘了口氣，微笑道：

「我們鬆了一口氣。經營醫院時，總算可以不用煩惱這件事，而能以自費的預防牙科為主了。」

椿董頻頻點頭。

「希望招牌能讓想做一般治療的患者與路人看不見，只有想做自費診療預防牙科的人才能看得到，我明白您為什麼要這麼說了。」

「我知道這要求很困難。即使如此，還是請貴公司務必做出這樣的招牌。」

「這是機智問答。」

椿董和辻村牙科結束面談後回到公司，小山突然對她這樣說。

「機智問答嗎？」

椿董在困惑中重複道。

「假如要比較遍布日本全國的牙科醫院及診所總數，以及同樣遍布日本全國的便利商店總數時，哪邊的數量會比較多？」

「應該是便利商店吧。」

「這樣啊。妳覺得那邊比較多？」

「印象中便利商店似乎比較多，但既然是機智問答，一定是牙科醫院及診所比較多吧。」

椿堇噗嗤地笑著說。

小山歪著鼻子，懊惱道：

「妳還真不老實。要是不老實思考就不好玩了。」

接著他又說：

「好吧，這是正確答案。牙科醫院和診所的數量約為便利商店的一・六倍。」

「一・六倍啊！」

「難以置信吧。」

「是的。便利商店走到哪裡都看得到，日本全國店鋪的數量應該非常多，然而牙醫卻不常見。想不到竟然是便利商店的一・六倍……」

「問題就在這裡。即使走在街上，牙科醫院也不醒目，便利商店卻能立刻引人注目。儘管醫院的數量多於便利商店，但路人不會注意到牙科醫院的存在。為什麼呢？因為醫療法這套法律會限制醫院和診所打廣告及做宣傳。招牌也一樣。所以直到幾年前為止，診所的招牌大都只會標示醫院的名稱，就像跟風景同化一般，只是個不引人注目的東西。

相形之下便利商店又如何呢？

便利商店會使用大量照明，還會用招牌讓人從遠方也能立刻辨識。

因此，路人會看不見牙科醫院和診所，反而是總數較少的便利商店顯眼得多。

但現在醫療法已經修正了，能用某種程度的廣告進行宣傳。

我聽過一個讓人笑不出來的笑話。

我的朋友是牙科醫院的院長。自開業以來，十六年都在同一個地方經營醫院，到了第十六年才改裝招牌。結果附近的鄰居這樣對他說：

『這是最近開張的牙科醫院嗎？』

令他相當震驚。

這聽起來像在說謊，但卻是實話。

醫院在同一個地方開業十六年，卻沒人注意到。

這可不能一笑置之。

想必同樣的事情也在日本境內的醫院發生過。

我也曾聽說，好不容易開了牙科醫院，患者人數卻沒有想像中的多，因而歇業的例子。

此外，牙醫從事的是保護患者的牙齒這種有意義而志向遠大的工作，而近年來年收入三百萬日圓的牙醫人數也在激增當中。」

「說到牙科醫師，給人的印象就是社會地位高，是高收入的代名詞。」
「一點也沒錯。但現在許多牙科醫院在經營中卻遇到困難。
即使是牙科醫院，也要提升利潤才能維持經營。
為了提高利潤，就必須吸引許多患者。這時招牌就是最棒的媒體了。
實際上，我經手的案件中，就有單靠改裝招牌讓患者人數變成兩倍的例子。
我們製作的集客招牌就是有這種魅力。」
小山講了這話後，就重新坐回椅子上，說：
「那麼，就來聽聽今天辻村牙醫的面談報告吧？」
椿堇詳細報告面談的經過。
小山雅明聽完她的報告後，眼眸就像孩子般閃閃發光，並且這麼說：
「這案子真有趣，說不定能開拓集客招牌，不，集患招牌嶄新的可能性。」
椿堇納悶道：
「的確如此。我覺得這案子很有趣，卻不好做。」
「辦得到吧。」
「您又來了，哪有這麼簡單？」
「不，我們非做不可。集客招牌的本質就囊括在這個案件中。」

「集客招牌的本質嗎？」

「集客招牌是一種集客裝置，藉由心理誘導的方式，將路人變成店鋪、醫院和企業的顧客，對吧？」

「是的。社長經常將這話掛在嘴邊。」

「我們絕不能忘記，要以科學眼光調查及分析路人的心理和感性，將不特定多數人引導至特定的店鋪、醫院和企業。」

「三階段機率論，對吧？」

「這是在那之後的事情。」

「在那之後？」

「妳不明白嗎？」

「對不起。」

「真拿妳沒辦法。」

小山偷笑道。

「妳之前去看了牙醫對吧。」

「是的……我去了。」

「為什麼選擇那個牙醫？」

「啊？」

「牙醫要多少有多少，我要問的是妳為什麼選擇去看那個牙醫。」

「這是因為我牙齒痛得受不了，所以才選了離這裡最近的牙醫。」

「只要能消除牙痛，哪裡的牙醫都可以嗎？」

「就是這樣。」

「但妳以前不是去做過牙齒美白嗎？」

「是的。去過幾次。」

「為什麼去？」

「啊？」

「我要問的是妳為什麼選擇那個醫生。做美白時，為什麼挑中那個醫生？」

「喔，那是因為我查了很多資料，得知那個醫生風評不錯，醫院也用最新的美白技術進行診療。」

小山微微點頭。

「即使同樣都是醫生，患者對牙醫的要求也會依目的而改變。妳明白吧？」

「是的。我明白。」

「為什麼會這樣？」

椿堇想了一下，回答：

「因為需要牙醫的患者都懷著不同的期望。」

「就是這樣！」

小山雅明大幅轉動右臂，張開手掌上的指頭。

「妳不知道什麼是『馬斯洛五大需求層次』吧？」

「對，我不知道。」

小山愉悅地哼聲道：

「亞伯拉罕・馬斯洛（Abraham Maslow）是美國的心理學家。他研究出人類在自我實現的過程中，會歷經五大需求層次。」

「這聽起來很有趣。」

「要向一無所知的妳講解原理也很費事。」

小山笑咪咪地這麼說，同時在白板上畫出三角形的圖案，接著再畫四道橫線，分割成五塊。

是一個金字塔狀的圖案。

「底邊面積最大的部分是人類**生理的需求**，換句話說，這代表食欲、睡眠和性欲等本能上的需求。

每個人剛開始都會為了生存而經過這個階段。

你我剛開始都會經歷這個階段。這是動物追求生存的基本需求，而人類也是一樣。明白嗎？」

椿董想了一下，點點頭。

「確實是這樣。」

「人類在達到滿足生理需求層次的境界後，就會想進入下一階段，也就是從下算起的第二個位置。」

「是的。」

「這就是**安全的需求**。動物在滿足生存的本能後，接下來就會渴望安全。動物正是因為安全，才會留下子孫，突破萬難地活下去。所以動物會為了獲得安全而戰。人類也是一樣。」

馬斯洛五大需求層次

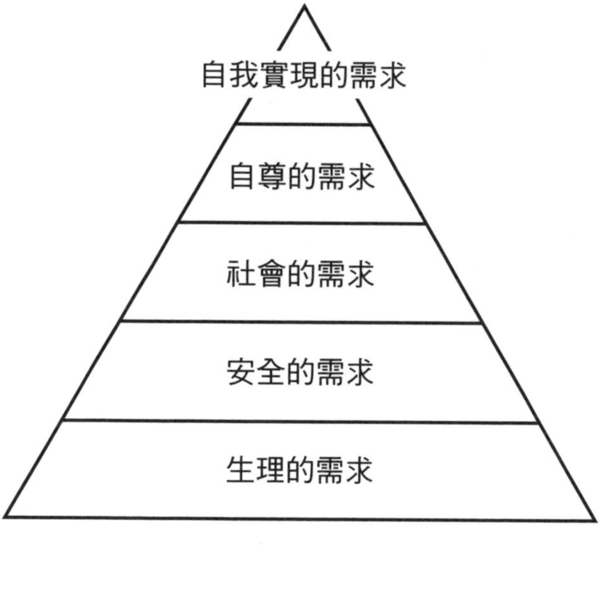

「如同人類會以安定為志向，期盼就職於大企業，或是過著安泰的公務員生活。」

「滿足第二階段的需求後，接著就會轉移到第三階段。以這張圖來說，就是從下算起的第三個位置，剛好在金字塔的正中央。這個層次所渴望的是**社會的需求**。人類是一種在有所歸屬下會獲得安心感的生物。」

「是這樣嗎？」

「就是這樣。人類在有所歸屬下，會在無意識中渴望庇護。同時自己還會有一種欲求，想變成有價值、被人需要及關愛的人。」

「從本能到安全，就是從一己人類個別的需求，轉變成來自社會立場的需求嗎？」

「很好，沒錯，就是這樣。人類剛開始只會意識到自己的事，隨著層次提升，就會逐漸產生觀看他人及社會的視野。

接著就到了第四階段。」

「第四階段是什麼需求呢？」

「是**自尊的需求**。這個階段會企求他人的讚賞，渴望受到尊敬。或是在乎自己能否在公司裡升職，提高地位。」

「就是讓個人的自尊心受到滿足的欲求。」

「接著就要快速進入第五階段了。」

「就是金字塔最上方的部分吧。」

「沒錯，第五階段是**自我實現的需求**。這是想發揮潛在能力創造人生的需求。這個階段中，著重的是崇高的志向及人類應有的品格。

好，接下來就是正題了。」

小山咳了一聲，清清嗓子，再次說下去：

「馬斯洛說過，一個人身上都會有五大需求層次中的任何一項。

我們試著將這項理論套用在妳先前去看的牙醫上。當嚴重的牙痛突然襲來，從妳的立場來看，妳會覺得先消除疼痛再說，只要能治療病因，去哪裡都沒關係，而以這套思考模式來挑選牙醫。對吧？」

「就是這樣。」

「換句話說，這相當於馬斯洛法則第一階段的『生理需求』。當然，這也涵蓋在第二階段『安全的需求』內，不過整體來看，第一階段的比例會高出很多。因為這是在滿足疼痛這種原初動物本能的需求。」

「原來如此，這還真有趣。」

「相形之下，美白時去看的醫生則有所不同。美白既非生理的需求，也不是安全的需求，而是相當於之後第四及第五階段的需求。妳懂嗎？」

「是的，我懂。」

「妳聽好了。現在我是碰巧拿妳去看的牙醫為例進行說明。當我們在思考如何替所有業種及業態的店鋪招攬顧客時，這一點會非常重要。」

「這是什麼意思？」

「顧客的需求有層次的區別。我們必須明確塑造出配合這些層次的店面理念，依照理念做出吸引顧客的招牌。

比方說，肚子餓而什麼都想吃的路人，屬於馬斯洛法則中第一階段。為滿足這種層次的需求，就需要掛出招牌，讓人覺得能滿足生理的需求。

看似美味的料理照片會強烈煽動購買欲，將這種照片大幅刊登在招牌上，運用文案巧妙呈現出分量感及划算感，唔，這是集客招牌的基本概念，我們必須運用這種招牌傳達訊息給路人。

妳覺得第四階段和第五階段的路人，是什麼樣的人？」

椿董想了想。

第四階段是「自尊的需求」，第五階段則是「自我實現的需求」。

「假如將第四階段『自尊的需求』套用在路人或顧客後思考答案，那就是明確掌握自身需求，選擇符合條件的店家的人。我就是這樣挑選美白牙醫的。」

「沒錯，就是這樣。」

小山大大地點頭。

「自尊的需求其意義，說到底就是想讓他人認同自身價值的需求。換句話說，就是尋求店家以滿足自身期望的人。

山口電器正好就適合這種人。

山口電器強調服務無極限，然而最渴望且最喜歡這種服務的卻是高齡人士。其實山口電器的顧客中，多數就是高齡人士。為什麼？

因為高齡人士追求的是充滿人情味的服務。與其選擇講求實際『賣掉就了事』的家電量販店，他們比較能對電器行感到共鳴，覺得滿足。即使價格昂貴，業務員也會在出問題時立刻趕到，認真做好售後服務。

這不就是『自尊的需求』嗎？高齡人士將『自尊的需求』之心理投射到山口電器上，滿足自身追求人情味的需求。」

「啊。」

椿堇突然想到一件事。

「這該不會就是店面形象吧？」

「很好，妳明白了。就是這樣。

店鋪明確對外提出店面形象後，對這家店進行的服務及經營理念感興趣的人，就會變成顧客。這個階段的需求目的明確，只要堅定而明確地提出店面形象，就有機會在某種程度下，自然地招攬到理念匹配的顧客。」

「集客招牌的最終目標，是要讓具備第四階段需求的路人變成客人嗎？」

「妳為什麼會這麼想？」

「不，我明白集客招牌的目的是『用招牌吸引符合店面理念的顧客』。既然如此，用招牌塑造店面形象，不就是集客招牌最大的任務嗎？

要是店面理念與客層之間不相配，就很難招攬顧客了。」

「是啊。」

「那麼，滿足第四階段『自尊的需求』，才是集客招牌最大的目的嗎？」

「與其滿足路人的自尊需求，不如明確架構出店鋪的店面形象。但是，架構店面形象之前要做什麼？」

「……做什麼？」

「不就是打出店鋪的品牌嗎？」

「啊！這麼說來，的確是該打出品牌。」

「打出店鋪品牌的優點是什麼？」

「是帶給顧客信賴感和安心感。」

「品牌信仰嗎？」

「是的，確實是這樣的心理在運作。顧客會覺得找這家店就對了，沒有問題，可以放心，它符合自己的價值觀。」

「從顧客的角度來看，這就是滿足第五階段的『自我實現的需求』吧？」

「相當有趣的想法，真讓人大開眼界。」

「換句話說，想要讓生意興隆，就必須正確看出路人和顧客的心理和需求。思考自己的店鋪具備什麼樣的經營理念，該怎麼做才能引導理念相符的路人到店鋪裡來……」

「真不愧是社長，想法很新穎。」

小山似乎笑得很開心。

「對吧？這種概念只有我想得出來。」

「當然，無庸置疑。」

「辻村牙科的案件，不就是馬斯洛法則的第五階段『自我實現的需求』嗎？」

「啊……原來如此。這就是打出品牌！」

椿董將馬斯洛法則套用在路人的心理上，與小山新穎的店鋪經營和集客招牌概念結合在一起，覺得自己的眼界開闊了許多。

「這次的重點是要用招牌展現『實行預防牙科的辻村牙科』這項品牌。」
「不是打出品牌的招牌，而是展現品牌的招牌對吧？」
「就是這樣。普通的招牌為了讓不特定多數的路人和患者清楚辨識，而使用醒目的顏色或形象人物展現醫院的魅力，即使在遠方也能立刻認出來，對吧？」
「是的，就是這樣。」
「讓不特定多數人清楚辨識，即可塑造出往醫院的動線。」
椿菫點頭。
「但是辻村牙科已經打出品牌，擁有堅定不移的醫院理念。妳受託設計『讓想做一般診療的患者及路人看不見的招牌』，說到底不就是『牙科醫院的招牌要讓想做保險給付的一般診療的人看了之後，覺得和自己無關』嗎？」
「原來如此！」
「既然如此，理念就是展現高級感了。」
「社長！您真厲害！」
「這是當然的。」
小山雅明用鼻子重重哼了一聲，自信非凡。

辻村傑院長看著椿董攤開的設計方案，臉上掛著微笑。

「這次的方案是依照前幾天辻村院長所言，『希望招牌能讓想做一般診療的患者及路人看不見，只有對辻村醫院進行的預防牙科感興趣的人才能看得到』。亦即『醫院的招牌要讓想做保險診療的患者看了之後，覺得和自己無關』，做出讓觀者感受到這一點的成品。

重點說穿了，就是高級感。

招牌要讓每個人看了都覺得充滿高貴氣息。

換句話說，我們試圖用招牌展現出高級感，讓看到招牌的路人覺得這家醫院的主要業務，並不是消除牙痛及其他保險診療。」

辻村院長點頭。

「具體來說，醫院停車場入口要樹立用金屬銀塗裝的桿式招牌，建築物旁的灌木叢也要設置同樣材質的招牌。

招牌要使用立體字，讓醫院名和商標浮現出來。

立體字的部分要使用金色，展現高級感和厚重感。

從路人的角度來看，他們會覺得這是一家高級的牙科醫院。

而對來到辻村牙科的人來說，則能一眼辨識出醫院的存在。

另外，招牌本身不僅要營造出高貴的氣息，配色和設計還要展現出安心感和信賴感。

這麼一來就能呈現牙科醫院品質安心的形象，即使進行自費診療，也絕不會白花錢。」參照第20頁

辻村院長注視設計方案好一陣子後，就看著椿董說：

「好的，那就麻煩椿小姐幫忙了。貴公司真是名不虛傳，能夠善加解決我提出的無理要求，實在感激不盡。」

現在辻村牙科採用整體健康治療方案，堅信身體健康要從牙齒健康做起，就連遠從鳥取縣和島根縣來的患者，也是為了接受預防牙科的診療而定期就診。

最近甚至還出現遠從法國和比利時來的患者。

辻村牙科的設計方案

▼商標設計

立地招牌設計▶

P20參照

已經做過自費診療預防牙科的患者口耳相傳，再透過網路上的好評，傳到最後就遍及國外了。

然而，借用辻村院長的話來說，轉型成功的開端在於：

「新的招牌實在很有效。要做保險診療的患者在設置招牌後急遽減少，反倒是看了招牌後，對敝院感興趣的患者增加了。」

辻村牙科在二〇一〇年的收入增加至二億四千萬日圓，其中有九成來自自費診療。

終章

椿堇帶領六家店邁向興隆後，
究竟能否成為招牌博士？

櫻花花瓣隨風飄揚，附著在道路上成了淺桃色的淺窩。

椿堇避開腳下的花瓣，爬到坡道上。

「做得好。」

就在剛才，小山雅明將任命書交給椿堇。

「我給妳的功課姑且算是完成了。」

「謝謝您。」

風和日麗的春天午後，一如往常的社長室。

從窗戶射進來的陽光溫柔的微笑著。

「我就按照約定，將妳從招牌碩士升任為招牌博士。」

小山這麼說後，就從辦公桌的抽屜裡找出Ａ４大小的獎狀，拿在手上。

他瞥過獎狀後，繼續對椿菫說：

「但我不能白白讓妳晉升。現在要進行最後的測驗，通過後就完全合格了。」

椿菫覺得奇怪。

「最後的測驗？」

「我現在要開始問問題，由妳來回答。」

「原來如此。」

「假如妳確實明白集客招牌為何物，就不難回答了。懂嗎？」

「我明白了。」

「好。第一個問題，打造熱門名店的基本條件為何？要言簡意賅。」

椿菫微笑。

「打造熱門名店的基本條件，取決於如何增加忠誠顧客。換句話說，就是要替店家創造為數眾多的粉絲。」

「為什麼店家需要粉絲？」

「粉絲能以口耳相傳的方式自動替店家宣傳，要是輕視粉絲，就打造不出生意興隆的店鋪。」

「有些店鋪雖然也在招攬顧客，卻完全無法成為真正的熱門名店。妳覺得是為什麼？」

「問題出在集客的素質吧？」

比方說，舉辦限時搶購和折扣促銷的活動能暫時吸引顧客，但若只靠減價優惠招攬人潮，集結而來的客人就不會成為店家的粉絲。

當然，要是減價促銷本身就是店面理念，那就另當別論。

假如情況並非如此，正常營業的店鋪為了吸引顧客而打出折扣促銷，顧客雖然會為此前來，但卻會隨著優惠期限結束而離開。這就不算是真正的熱門名店了。

倘若想將暫時吸引來的客人變成店家永久的忠實顧客，店家就必須一直保持折扣優惠，這樣會產生矛盾。」

「很好。那真正的熱門名店是什麼？」

「能夠吸引許多與店面理念和店鋪服務有同感的顧客，就是這樣的店鋪吧？」

「換句話說？」

「換句話說，就是確立店面形象的店鋪。」

「試用一句話說明何謂店面形象。」

「就是擇客品牌策略。」

「這是什麼意思？」

「由顧客選擇店家，這其實是一種錯覺。

事實上店家需要選擇滿足自家店面理念、氣氛和服務的顧客。

以前社長告訴我一句話，每個人都會光顧的店到頭來就無人光顧了，指的就是這一點。

為了讓期盼能光臨的顧客來到店裡，店鋪老闆的想法、職員的想法、顧客的想法，以及路人從外面觀察店鋪時感受到的想法，都必須堅定而一致，這樣店家才能選擇顧客。」

小山雅明輕輕一笑。

「下一個問題。」

「請問。」

「集客招牌在擇客品牌策略上扮演什麼樣的角色？」

「這個嘛……」

椿堇想了一下。

「店家若想將客人變成粉絲，當個忠實顧客，最起碼的條件是客人必須來到店裡。

換句話說，就是集客。

用一句話形容集客招牌，那就是將路人變成客人的集客裝置。

既然如此，集客裝置就得精準地向路人傳達店面理念和方針、經營理念和願景。

想要精準地傳遞資訊，就必須用科學的方式驗證，建立邏輯嚴密的集客過程假設。因此就需要進階的理論，也就是把三階段機率論當成工具。

問題在於有些店家沒有架構出明確的店面形象。

為了讓這樣的店鋪達到永續集客的目的，也可以由製作集客招牌提供店面理念。

原因在於熱門名店要持續吸引顧客，穩健經營，而不是曇花一現。

集客招牌的任務在於秉持將路人變成客人的觀點，協助店家讓生意持續興隆下去。

進一步來說，就是透過集客招牌賦予店家店面形象，這就是我的看法。」

小山聽完椿菫的話，大幅點頭。

接著他微微一笑，親手將獎狀交給椿菫。

「恭喜妳，妳從今天起就是招牌博士了。」

「謝謝您。」

椿菫鞠了個躬，領取獎狀。她往紙上一看。

「咦？」

「怎麼了？」

「呃，任命為招牌博士……招牌博士這個詞的前面，用紅色寫了大大的『見習』兩字……」

「沒錯。」

小山一臉自若地說：

「妳還是個見習生。等妳把我之後出的功課全部做完後，再幫妳刪掉見習兩個字。」

「……這是什麼意思？」

「妳要負責六件新的案子。只要提出讓顧客滿意的集客招牌計畫，新的功課就做完了。」

小山說完後，就把厚厚的檔案交給椿董。

風和日麗的春天。

被騙了被騙了被騙了被騙了——椿董像是念咒般地不斷嘀咕，同時往小山委派新案的店家前進。

UPD0162

全能招牌改造王——瞬間拉升集客力，讓路人通通變客人！

お客を選ぶ店ほどお客に選ばれる　看板で繁盛店に生まれ変わった6つの店の物語

作　者—小山雅明
譯　者—李友君
主　編—陳盈華
編　輯—林貞嫻
美術設計—陳郁汝
執行企劃—楊齡媛
校　對—呂佳真
董事長
總經理—趙政岷
總編輯—余宜芳
出版者—時報文化出版企業股份有限公司
10803臺北市和平西路三段二四〇號三樓
發行專線—（〇二）二三〇六六八四二
讀者服務專線—〇八〇〇二三一七〇五・（〇二）二三〇四七一〇三
讀者服務傳真—（〇二）二三〇四六八五八
郵撥—一九三四四七二四時報文化出版公司
信箱—台北郵政七九～九九信箱
時報悅讀網—http://www.readingtimes.com.tw
法律顧問—理律法律事務所　陳長文律師、李念祖律師
印　刷—盈昌印刷有限公司
初版一刷—二〇一四年九月十九日
定　價—新台幣三〇〇元
⊙行政院新聞局局版北市業字第八〇號

國家圖書館出版品預行編目（CIP）資料

全能招牌改造王——瞬間拉升集客力，讓路人通通變客人！/ 小山雅明著；李友君譯
-- 初版 . -- 臺北市：時報文化, 2014.9
面；　公分（UP叢書；162）
譯自：お客を選ぶ店ほどお客に選ばれる　看板で繁盛店に生まれ変わった６つの店の物語
ISBN 978-957-13-5974-8（平裝）

1.戶外廣告　2.品牌行銷

497.6　103008656

OKYAKU WO ERABU MISE HODO OKYAKU NI ERABARERU written by Masaaki Koyama.

Originally published in Japan by Nikkei Business Publications, Inc.
Traditional Chinese translation rights arranged with Nikkei Business Publications, Inc.
through BARDON-CHINESE MEDIA AGENCY.

ISBN 978-957-13-5974-8

Printed in Taiwan